KB239418

지금 이 순간

페루

그곳에서 마주한 잉카의 숨결

한동엽 지음

상상출판

CENTRO ARTESANAL "ARTE INKA"
Plazoleta
Jesús Lambarri

Prologue

여행은 언제나 상식을 무너뜨리고 나의 무지함을 일깨워 준다. 그리고 여행의 목적에 따라 눈에 보이는 것이 달라진다. 나의 첫 해외여행지, 네팔에서도 그랬다. 모든 사람들이 히말라야 산맥, 에베레스트를 떠올리는 나라, 네팔. 하지만 그곳에서 느꼈던 것은 산속 깊이 들어갈수록 그 깊이가 더해지는 산사람들의 순박함, 히말라야를 비추던 포카라 호수의 평화였다.

지구 반대편의 나라, 페루로 향하는 여행을 준비하며 무엇을 봐야 할지, 보고 싶은 것은 무엇인지 스스로에게 물었다. 그 깊이를 알 수 없는 수천 년 역사의 잉카 문명? 우주인의 존재까지 떠올리게 하는 신비의 나스까 문명? 아니면 그 모든 것을 일상으로 여기며 살아가는 사람들? 하지만 정답을 찾기는 쉽지 않았다. 페루는 너무나 먼 나라였기에 욕심이 앞선 탓이다.

그리고 서른 시간의 비행 끝에 만난 페루는 천의 얼굴을 하고 다양한 계절과 시간을 보여 주며 일천한 상식을 깨뜨렸다.

브라질에나 있을 것만 같은 아마존은 페루 영토의 절반을 차지한다. 바다에 와 있는 듯 착각을 불러일으킬 정도로 넓은 아마존 강을 타고 도착한 정글은 경이로울 만큼 신비롭다. 정글 한가운데를 조용히 걷다 보면 복잡하던 머리가 멍해졌다가 세심해진다. 세심함은 무심코 지나쳤던 사소한 일상의 풍경과 아름다움을 발견할 수 있는 눈치와 시간을 준다. 사소했던 것이 보이고 작은 소리가 들린다. 정글의 고요함은 그렇게 평화로웠다.

프랑스의 소설가 M. 프루스트는 "진정한 여행은 새로운 풍경을 보는 것이 아니라, 새로운 시야를 갖는 것이다."라고 했다. 새로운 호기심에 이끌려 시작한 여행 내내 프루스트의 말을 곱씹었다. 페루의 풍경과 잉카의 유적들을 지나며 '새로운 것'을 뛰어넘어 '새롭게 보는 것'은 좀처럼 쉽지 않았다. 하지만 페루의 사람들과 이야기를 나누며 조금은 '새로운 시야'의 의미를 배워 갔다. 누군가에게는 먼 길을 돌아 힘들게 찾아와야 하는 오랜 역사의 땅이지만 그 땅에서 살아가는 사람들에게는 그저 그런 일상의

한 조각이며, 삶의 힘겨움을 이겨낼 수 있는 일터에 불과했다.

그리고 아이들에게는 오래된 놀이터일 뿐이었다.

멕시코를 여행할 때도 그랬지만 페루를 여행하면서 느꼈던 것은 '이들에게 유적은 생활의 일부'라는 것이다. 가까운 고궁이라도 입장료를 내고 들어가야 하고, 시간이 지나면 퇴장해야만 하는 우리네 모습과는 사뭇 다르다. 모든 것이 현대화되고 옛것을 버린 자리에 새 건물을 세우는 것이 '발전'이라고 여기는 우리들의 모습이 아니었다.

그들은 지은 지 500년이 넘은 성당에서 여전히 미사를 보고, 온 세상이 경이롭게 느끼는 잉카의 석벽을 지나 시장에 가고, 무너진 유적지를 따라 데이트를 한다. 이들은 '역사는 현재진행형'이라고 말한다. 유적은 옛날 사람들만 살았던, 높은 담장에 가두어진 박제된 흔적이 아니라 여전히 현재를 살아가는 사람들이 만들어가는 문화라는 것을 보여 준다.

아이들에게 선조의 문화를 이야기해 주기 위해 시간을 내 먼 길을 가야만 보여 줄 수 있는 것이 아니라 "지금 네가 걷고 있는 이 길이 몇 백 년 전 우리 조상들이 만든 '잉카길'의 일부란다."라고 말할 수 있는 그들이 부러웠다. 스치듯 지나갔던 많은 풍경들이 잉카 문명의 일부이고 말 한마디 나누지 못했던 많은 잉카인의 후손이 그 문화를 이어 가고 있는 사람들이었다는 것을 뒤늦게 깨달았을 때는 되돌아갈 수 없는 여정이 원망스러웠다.

그래서 더 보지 못한 것들, 더 이야기 나누지 못한 사람들에 대한 아쉬움이 남는다. 그 아쉬움은 새로운 떠남에 대한 설계로 이어질 것이다. 그리고 언젠가 다시 페루를 찾을 때는 사소함을 깨닫게 하는 세심함으로 잉카의 길을 걸어 볼 것이다.

2015년 1월

한 동 엽

Contents

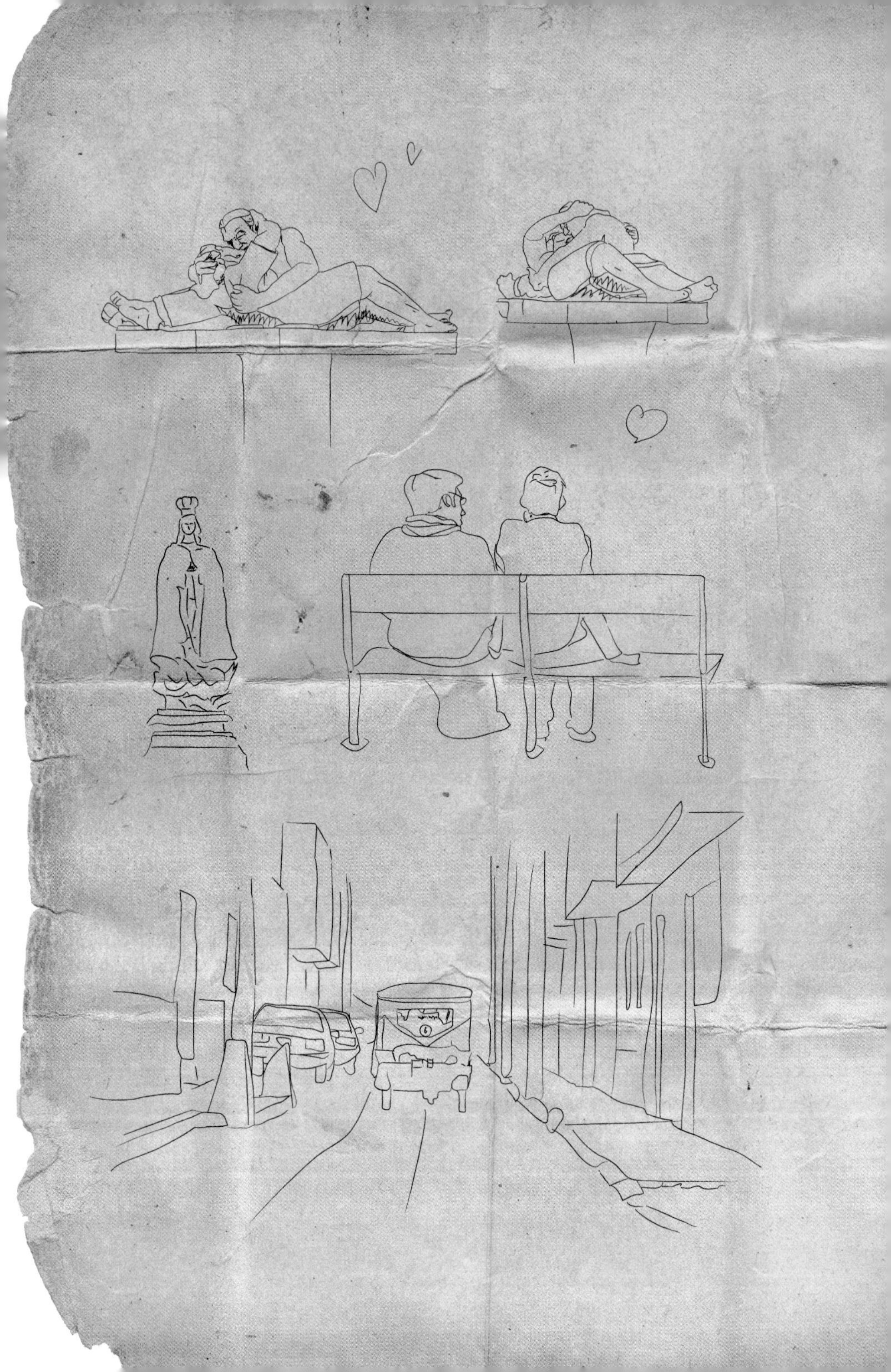

1장

리마
LIMA

지구 반대편에 있는 나라,
신비함으로 가득 차 있을 것만 같은 페루로 향하는 길은
생각했던 것보다 더 많은 인내심을 요구했다.
잠시 후면 기다린 만큼
다디단 잉카의 공기가 내 몸을 감싸리라.

:: 처음 뵙겠습니다
"무초 구스또!"

동그란 창밖으로 드문드문 하던 불빛이 조금씩 그 수를 더해 가더니 어느덧 페루의 하늘에 들어선다. 홍콩, 남아프리카공화국 요하네스버그를 거쳐 상파울루에서 마지막 비행기를 탄 지 네 시간 만이다. 한국을 떠나온 지 만 이틀이 지났고 하늘에 떠 있는 시간도 서른 시간에 가까워지고 있다.

지구 반대편에 있는 나라, 신비함으로 가득 차 있을 것만 같은 페루로 향하는 길은 생각했던 것보다 더 많은 인내심을 요구했다. 잠시 후면 기다린 만큼 다디단 잉카의 공기가 내 몸을 감싸리라.

남반구에 위치한 페루는 해안 사막 지역인 꼬스따Costa와 산악 지역인 씨에라Sierra, 아마존을 중심으로 한 열대 우림 지역인 쎌바Selva로 나뉜다. 각 지역을 무 베듯 나눌 수는 없지만 스페인 정복자들이 꼬스따 지역을 개척했다면, 씨에라는 잉카 문명이 꽃을 피운 곳이라 말할 수 있다.

페루의 기후는 우기와 건기로 나뉘는 탓에 여행 일정을 잘못 잡으면 종일 비를 맞고 다녀야 한다. 나는 건기가 시작되는 10월에 맞추어 여행 계획을 짰다. 더 멋진 페루를 만나기 위해! 그러나 회색 구름으로 가득했던 리마 차베스 공항Aeropuerto Internacional Jorge Chávez의 밤하늘은 이미 짙은 어둠으로 물들어 있다. 속이 조금 상했다. 쾌청한 날씨를 기대했지만 철 지난 줄 모르는 비구름은 남의 속도 모르고 야속한 비만 뿌려댄다.

리마는 페루의 수도이자 남미대륙 태평양 연안의 중심지로 브라질의 리우데자네이루나 상파울루에 버금가는 남미의 관문이다. 리마는 연평균 강수량이 25~50mm정도로 일 년 내내 거의 비가 내리지 않고 5월에 '잉카의 눈물'이라

Control de Preembarque
Check In
Control de Preembarque
Check In
Viajar a través

조금은 산만한 리마의 도로

불리는 안개비가 내리는 정도다. 그러나 페루에 첫발을 디딘 오늘은 가는 비가 조금씩 내리고 있다.

머피의 법칙이 걱정스럽지만 내일은 해가 뜰 것이라는 환전소 직원의 말을 위안 삼으며 공항을 나선다. 우르르! 어디서 나타났는지 택시 기사들과 여행사의 호객꾼들이 내게로 몰려든다. '헬로우', '올라Hola', '안녕하세요', '곤니찌와' 등 스페인어, 영어, 일본어를 마구마구 쏟아낸다. 기사들의 말에 정신이 쏙 빠진다. 택시 요금을 부르는 사람, 어디서 왔느냐, 어디로 가느냐고 묻는 사람……. 이렇게 내 선택만을 기다리는 사람들 사이에 둘러싸여 있으니 TV 속에서만 보던 유명 연예인이라도 된 기분이다. 그러나 언제까지 이들과 실랑이를 벌이고 있을 수만은 없다.

성급한 결정 탓에 바가지요금을 쓰는 사람들도 간혹 있다지만, 기사들 대부분이 터무니없는 가격을 제시하지는 않는다는 것을 책에서 읽어 두었다. 그

래서 나는 주변의 무리들 중 비교적 점잖아 보이는 기사를 지목하고 다른 기사들을 돌려보냈다. 멋지게 콧수염을 기른 중년 신사는 양복에 넥타이까지 갖추고 손님을 기다리는 참이었다. 숙소가 있는 미라플로레스Miraflores까지 가는 가격을 정하고 난 뒤에야 "무초 구스또Mucho Gusto 반갑습니다!"하며 인사를 나눈다. 택시 기사는 자신을 후안Juan이라고 소개하더니 내 이름을 물어온다.

"요 쏘이 안또니오Yo soy Antonio 나는 안또니오예요."

동양인에게 스페인식 이름을 들어서인지 후안이 조금 의아해하며 다시 한국 이름을 묻는다. 한국 이름은 발음하기 어려울 것이라고 일러주고는 또박또박 "한, 동, 엽"이라고 말해 준다. 그러자 후안은 "한뚱영? 안둥정?"하며 발음하기 어려워하더니 그냥 '안또니오'라고 부르는 게 좋겠다며 웃고 만다. 나도 그를 따라 그냥 웃고 만다.

안또니오, 이 이름은 멕시코에 살던 시절, 친구가 지어준 이름. '동엽'이라는 이름을 어려워하던 친구는 발음이 비슷한 '또뇨Toño'라는 이름을 나에게 선물했다. '또뇨'는 안또니오를 친근하게 부르는 말인데 페루를 여행하는 동안 이 이름을 쓸 계획이다. '동엽'이라는 이름은 나를 나타내주는 내 일부지만 로마에서는 로마의 법을 따르라고 했듯이 한국 이름은 잠시 여권 속에 접어 둔다. '안또니오'라는 이 스페인식 이름이 페루와 나 사이에 놓인 담을 허물어 주어 내가 페루 속으로 더 깊이 들어갈 수 있게 해 주리라 믿는다.

후안과 이런 저런 이야기를 나누다 보니 어느새 택시는 호텔 앞에 도착한다. 후안이 잘 아는 호텔이라기에 안내를 받아 안으로 들어서니 주인아주머니가 반갑게 우리를 맞는다. 작은 키에 뚱뚱하고 웃음이 많은 아주머니는 나를 '꼬레아노 린도Coreano lindo 귀여운 한국 청년'라며 살갑게 대한다.

객실까지 올라갈 기력조차 남아 있지 않아 소파에 쓰러지듯 앉아 있으니 따스한 커피 한 잔이 내 앞에 놓인다. 우리의 넉넉한 웃음과 요란한 수다가 텅 빈 공간에 퍼지고 페루 여행의 본격적인 막이 오르기 시작한다.

:: 잿빛의 슬픈 언덕
산 끄리스또발

아침 일찍 눈이 떠진다. 커다란 기대를 안고 온 페루 여행이기에 잠자는 시간
마저 아까웠나 보다. 간단히 샤워를 마친 후 호텔을 나선다. 이런! 하늘에는
지난 밤 나를 맞아 준 먹장구름이 여전히 낮게 깔려 있다. 금방이라도 비를
흩뿌릴 것 같은 불안함에 괜스레 하늘만 흘겨본다.

함께 리마 시내를 둘러보기로 한 후안이 오기까지는 시간이 좀 남았다. 자투
리 시간이라도 아껴 쓸 욕심에 미라플로레스에서 해안 공원으로 유명한 '아
모르 공원Parque del Amor 사랑의 공원'으로 향한다. 거리는 새로운 하루를 시작하며
출근을 서두르는 사람들로 바쁘게 움직인다.

사방으로 뻗은 도로를 달리는 자동차들은 언뜻 봐도 10년은 족히

EL RIO
LADO Y YO DEL OTRO
COMO
SOBRE
ESTHER
JOSE SANTOS CADDINO
RAMOS
CIEGA
ECILIA Y ALBERTO

넘어 보인다. 낡은 범퍼를 철사로 꽁꽁 매달고 달리는 차들, 녹이 뚝뚝 떨어질 것만 같은 오래된 차들은 시커먼 연기를 내뿜으며 아침을 달린다. 이곳이나 서울이나 사람들의 일상이 바쁘게 돌아간다는 점에서는 다를 게 없다.

낯선 거리를 지나 이십여 분쯤 걸었을까? 눈앞에 너른 바다가 모습을 드러낸다. 시원한 바람이 살결에 닿는다. 짙은 구름 때문에 하늘과의 경계가 사라져 더 넓어 보이는 바다에는 가는 비가 흩날리고 있다. 해안가 절벽을 따라 여러 공원이 늘어서 있다. 아! 저기구나. 길거리에서 키스를 하고 있는 연인들의 모습이 눈에 잘 들어오듯이 사랑하는 연인이 서로 껴안고 키스를 하는 동상이 중앙에 위치하고 있는 아모르 공원은 쉽게 눈에 띈다.

남미의 열정이 느껴지는 아모르 공원은 먼발치에서 보면 예쁜 소공원일 뿐이지만, 가까이 다가가 꼼꼼히 들여다보면 "이래서 여기가 연인들에게 인기가 많은 '사랑의 공원'이구나!" 하며 무릎을 탁 치게 된다.

타일 조각으로 꾸며진 아모르 공원의 모자이크 작품

아모르 공원을 둘러싼 형형색색의 타일 담이 꽃길처럼 이어진다. 이 꽃담에
는 이곳을 찾은 많은 연인들이 남겨 놓은 사랑의 약속이 적혀 있다. '너와 나',
'사랑의 끈', '너는 내 심장', '영원한 사랑' 등 애정이 담뿍 담긴 단어들과 함께
연인들은 그들의 이름을 남겨 놓았다. 붉고 푸른 타일 조각들은 아름다운 사
랑의 단어들로 하얗게 변했고, 아모르 공원은 미라플로레스와는 떼어 낼 수
없는 명소 중의 명소가 되었다. 마치 자물쇠로 가득한 N서울타워처럼……
연인의 맹세는 작은 타일 조각 안에만 머물지 않는다. 어떻게 저런 곳에까지

공원을 더
로맨틱하게 만드는
곳곳의 사랑 메시지

손길이 미쳤을까 의문이 들 정도로 경사가 가파른 비탈 중턱 곳곳에 "사랑해 Te amo"라는 고백이 돌로 적혀 있다. 사랑은 역시 어떤 위험도 감수할 수 있는 아름다운 힘을 갖고 있는가 보다. 해안가에 남겨 둔 다양하고 아름다운 사랑의 언어들을 보고 있자니 아모르 공원뿐 아니라 미라플로레스 전체가 사랑의 도시처럼 아름답고 포근하게 느껴진다.

어이쿠! 타일에 적힌 글에 빠져 있다 보니, 어느새 후안과 약속한 시간이 지나고 말았다. 서둘러 호텔로 돌아오니 후안은 느긋하게 아침 식사를 즐기고 있다. 남미 사람들의 느긋함과 여유로움이 후안에게서도 묻어난다. 마음이 급한 것은 나 혼자뿐이었나 보다.

리마 여행을 하는 동안 가이드가 되어 줄 후안은 젊은 시절 일본에서 일한 경험이 있어 동양인에게 무척 호의적이고 일본어도 제법 잘한다. 후안은 3년간 일본 자동차 회사에서 일하며 번 돈으로 집을 장만하고 결혼도 했단다. '재팬드림'을 이룬 셈이다. 지금도 일본에 가서 돈을 벌고 싶어 하지만 가족들의 거센 반대로 낡은 택시에서 손을 놓지 못하고 있다.

후안은 20년 가까이 택시 기사로 일하며 공항에 도착하는 수많은 외국인을 상대해 왔다. 이젠 사람을 다루는 일에 능구렁이가 다 되어 버린 후안은 외국 관광객이 원하는 걸 잘도 짚어낸다. 내가 후안이라면 자국의 치부라고 생각되는 곳은 되도록 보여 주지 않을 텐데 이 중년 기사는 '무엇인가 특별한 것'을 원하는 나 같은 외국인을 상대로 으슥한 골목길 사이사이를 누비며 리마의 속살을 보여 준다.

후안은 "카메라를 꼭 쥐고 있어야 한다."며 거칠고 낯선 골목으로 나를 이끈다. 몇몇 가이드북에서 '범죄의 소굴'이라고 악평을 한 곳이 바로 이곳이 아닐까. 곳곳에는 지저분한 쓰레기 더미가 쌓여 있고, 지은 지 수백 년은 되었을 것 같은 낡은 건물은 철문으로 굳게 닫혀 있다. 잿빛 하늘색 건물들 사이로 갈색 얼굴의 페루인들이 하나둘 지나가고 후안은 그들 중 몇몇과 반갑게 인

사를 나눈다. 이 사람의 아지트로 납치된 것 같은 묘한 기분. 마치 홍콩 느와르 영화나 갱 영화 중 한 장면 같다.

후안이 차를 세운 곳은 리마의 구시가지. 스페인 식민지 시절에는 전성기를 누리며 화려한 건물들이 즐비하던 곳이지만 부자들은 새로 조성된 신시가지나 미라플로레스 지구로 떠나고 지금은 가난한 사람들만이 남아 이곳을 지키고 있다.

오랜 세월의 흔적을 말하듯 칠이 벗겨진 건물에서는 가난이 배어난다. 줄줄이 이어져 있는 좁은 길을 따라 전망대가 있는 산 끄리스또발 언덕Cerro San Cristóbal in Lima으로 향한다.

산 끄리스또발 언덕은 원래 스페인의 요새가 있던 곳. 스페인 침입자들은 1536년 원주민들의 끈질긴 저항 속에서 힘겨운 승리를 거두자 이를 기념하기 위해 가톨릭 성인의 이름을 따 산 끄리스또발 언덕이라는 이름을 붙였다. 그리고 잉카 제국을 정복한 프란시스꼬 삐사로가 나무 십자가와 성당을 세웠다. 지금도 밤이면 전광 장식으로 빛나는 십자가가 눈에 들어온다. 1928년 지진으로 무너진 성당과 십자가는 재건되었고, 1997년 5월 성당 자리에 산 끄리스또발 언덕 박물관이 완성된 후 리마 시의 새로운 명소로 자리 잡았다.

∧ 산 끄리스또발 전망대에서 바라본 모습
∨ 자세히 들여다보면
  피폐한 삶이 느껴지는 산 끄리스또발

전망대로 오르는 길. 언덕 마을에 있는 집들은 꽃밭처럼 밝고 아름다운 색들로 가득하다. 집들이 너무 예쁘다고 하자 후안은 슬쩍 웃고 만다. 어떤 의미의 웃음일까? 차가 산동네 어귀에 들어서자 후안이 보여 준 웃음의 의미가 이해되기 시작한다. 겉으로는 화려하게 채색된 집들이지만, 차조차 쉽게 오를 수 없는 좁디좁은 골목길 사이에는 가난하고 고단한 이들의 삶이 숨겨져 있다. 알록달록한 건물의 겉만 보고 판단한 내 자신이 조금은 겸연쩍게 느껴진다.

후안이 '절대로 걸어 다녀서는 안 되는 곳'이라고 경고하는 언덕 마을에는 구 시가지에서도 가장 가난한 이들이 살아간다. 페루의 수도인 리마 시내 한복판에 이렇게 가난한 마을이 형성되어 있다는 사실 앞에서 나는 왠지 모르게 마음이 무거워진다. 가난이야 어느 도시에나 있다고 스스로를 위안해 보지만 화려함 속에 감추어진 슬픔이기에 더 마음이 아프다.

철근과 시멘트가 드러난 허름한 집들을 지나 산 끄리스또발 언덕의 높은 곳으로 오를수록 가난의 골은 더욱 깊어진다. 전망대로 향하는 도로 아래에는 판자로 만들어진 집들이 얼기설기 모여 있다. 누군가의 보금자리라는 게 믿기지 않을 정도로 부실하다. 좁은 비탈에 힘없이 축 처진 낡은 빨래가 힘겨운 현실을 대변하며, 금방이라도 무너질 것 같은 집에도 누군가 살고 있음을 말해 준다.

이들의 가슴 아픈 현실을 애써 뒤로하고 비 내리는 산 끄리스또발 언덕에 선다. 비에 젖은 언덕은 더욱 검게 보이고, 어두운 마음만큼이나 짙은 구름이 덮인 리마는 제 모습을 보여 주지 않는다. 리마 시내를 향하고 있는 거대한 십자가는 무엇을 보고 있는 것일까? 괜스레 판잣집 앞마당에서 비 맞고 있는 빨래만 걱정된다.

:: 가난과 부의 경계
마요르 광장

조금은 무거운 마음으로 산 끄리스또발 언덕을 내려와 구시가지와 신시가지의 경계가 되는 마요르 광장Plaza Mayor으로 향한다. 구시가지에서 광장까지 이어지는 길에는 화려한 발코니가 있는 중세 건물들이 즐비하다. 건물들은 이미 제 빛을 잃고 낡았지만 옛 시절의 화려함을 상상하기에는 부족함이 없다.

1535년 꾸스꼬에서 리마로 수도를 옮기기로 결정한 삐사로가 아르마스 광장이라고도 불리는 이 광장을 중심으로 스페인의 이베리아 양식에 따라서 도시를 건축했다. 광장에 들어서자 구시가와는 전혀 다른 풍경이 펼쳐진다. 눅눅한 골목의 어두운 풍경을 밀어내고 리마의 활기가 전해진다. 높게 솟은 야자수 아래서 여유를 즐기는 단란한 가족과 연인들. 구도시와 신도시를 나누고, 가난과 부의 경계에 자리 잡은 마요르 광장이지만 이곳에는 아이들의 웃음소리와 느긋한 리마인의 모습이 있을 뿐이다.

광장 주변으로 경비가 삼엄한 건물이 보인다. 북쪽에 위치한 대통령 궁Palacio de Gobierno이다. 침략자 삐사로가 1541년에 암살되기 전, 몇 년 동안 이 대통령 궁에서 살았다. 1938년에 현대적인 느낌으로 개축하여 현재에 이르고 있다. 그리고 광장 정면에는 대성당La Basílica Catedral de Lima이 위용을 당당히 뽐내며 서 있다. 광장 주변으로 식민 시대에 가톨릭과 총독, 귀족들이 막대한 권력과 무력으로 잉카의 궁전과 신전을 허물고 그 위에 세운 건물들이 가득하다. 곳곳에 식민 시대 페루인들이 겪은 뼈아픈 역사가 가득 서려 있다. 이러한 슬픔과 아픔을 속으로 간직한 채 대성당은 화려함의 극치, 그 자체를 보여 주고 있다. 400년 전에 지어진 대성당은 삐사로가 손수 초석을 놓은, 페루에서도 가장 오래된 성당이다. 섬세한 조각들 아래로 난 문에 들어서자 금빛 찬란한 풍경이 펼쳐진다. 성당 곳곳에 있는 성인들의 조각은 번쩍이는 금으로 화려하게 치장되어 있고 14세기부터 전해져 오는 종교화와 고대 잉카 황제의 초상화가 장식되어 있다. 거대한 파이프 오르간은 금방이라도 웅장한 화음을 뿜어낼 기세다.

마요르 광장과 한두 블록을 사이에 두고 있는 산토 도밍고 성당Iglesia Santo Domingo, 산 프란시스코 성당Iglesia San Francisco 등 수백 년 묵은 성당들 역시 어디에 내놓아도 빠지지 않는 화려함을 간직하고 있다. 산토 도밍고 성당은 보존 상태가 양호한 건축물로 1551년에는 이 성당 안에 남미 최초의 대학교인 산 마르코스 대학교가 설립되었다. 이 성당에는 기적이 일어날 때마다 장미꽃이 흩뿌려졌다고 하여 로사Rosa 장미라는 이름이 붙여진 성녀 싼따 로사와 리마인들의 귀감이 되며 수없이 많은 기적을 일으킨 마르띤 수사, 두 성자가 잠들어 있다. 바로크와 안달루시아풍의 건축양식으로 건축 기간만 100년 이상 걸린 산 프란시스코 성당은 특히 정면 장식이 눈길을 사로잡는다. 또한 회랑에 남아 있는 17세기 전반의 쎄비야 타일은 매우 유명하다.

이 화려한 성당들을 바라보다가 문득 '이 황금 성당들이 만들어지기까지 수백 년 세월 동안 잉카인들

마요르 광장 북쪽에 있는 대통령 궁

은 얼마나 많은 땀과 피를 흘렸을까? 또 오늘을 살아가는 페루인들은 이 화려함을 유지하기 위해 얼마나 많은 희생을 감내할까?'라는 생각이 든다. 로마 가톨릭교는 황금을 찾기 위해 라틴 아메리카를 밟은 스페인 정복자들이 식민지 지배를 합리화하기 위해 들여온 종교지만, 이제는 이들의 삶과 영혼을 지배하고 있는 모양이다. 가난하고 어두운 산 끄리스또발 마을의 풍경이 밝게

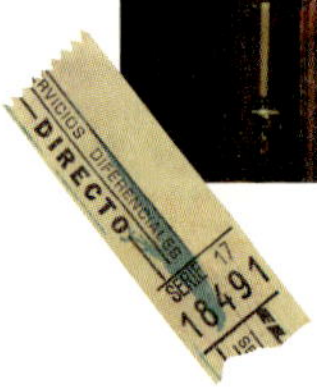

∧ 대성당 외관의 조각
∨ 대성당의 내부

빛나는 황금 조각과 겹쳐지며 어느 무엇보다 순수하고, 사랑과 자비가 넘쳤어야 할 종교의 아이러니한 폭력성 앞에 화가 치밀어 오른다. 한참을 성을 내다 종국에는 그 장엄함에 압도되어 숨조차 제대로 쉴 수 없었던 나는 서둘러 성당을 빠져나왔다. 한 나라를 알려면 시장에 가 보라는 말이 있지 않은가? 성당에서 나온 나는 리마의 모습을 제대로 보기 위해 사람 냄새가 물씬 풍겨 나는 시장으로 바삐 발걸음을 옮겼다.

우리나라의 남대문 시장과 비슷한 분위기인 마요리스따 시장Mercado Mayorista에 들어서자 삶의 생기가 넘쳐흐른다. 시장 위쪽에 있는 버스 정류장은 행선지를 알리는 버스 안내원의 고함 소리와 장사꾼들의 목소리가 얽혀 시끌벅적 요란하다. 손잡이가 뿔처럼 생겼다고 해서 '디아블로Diablo 악마'라는 이름이 붙은 손수레는 사람들 사이를 바삐 움직인다. 하루하루를 열심히 살아가는 이들은 마요리스따 시장의 풍경화를 활기차게 그려낸다. 골목 사이사이로 울려 퍼지는 장사꾼의 고함 소리와 흥정하는 손님들의 외침 속에서 시장은 빛을 발하고 살아 움직인다.

부산하고 바쁘게 돌아가는 거리와 그곳에 있는 사람들을 향해 카메라를 들이대며 쉼 없이 셔터를 눌러대는 사이, 후안은 보디가드처럼 내 옆에 붙어서 경계 근무를 선다. 무사태평한 나와는 달리 후안은 계속 카메라가 신경 쓰이는 모양이다. 벌써 몇 번이나 카메라 조심하라며 주의를 주었다. 그동안 가이드 일을 해오면서 이런저런 많은 일을 겪었기에 경험에서 나오는 조언을 해 주는 것이리라.

어디선가 맑고 투명하면서도 소박한 음악 소리가 귀를 자극한다. 북적거리는 시장통 한쪽에서 한 악단이 연주를 하고 있다. 곱슬머리에 검은 피부를 가진 낯선 얼굴들이다. 후안에게 저들이 누군지 물어보니 스페인 식민지 시절에 노예 신분으로 이곳에 온 '빼루아노 네그로Peruano Negro 페루 흑인'라고 한다. 이들은 여전히 페루 사회의 최하층에 속하며 가난한 이들에게서조차 대접을 받지 못한다. 이들이 번듯한 회사에 취직하는 것은 거의 불가능하다. 그저 번화한 거리에서 아프리카 음악을 연주하는 것이 직업이며 오가는 사람들이 던져주는 팁인 쁘로삐나Propina가 수입의 전부이다. 이들의 음악에는 가난하고 힘든 그들의 삶이 그대로 녹아 있어 때로는 한이 서려 있는 것처럼 슬프기도 하지만 때로는 밝은 미래를 꿈꾸는 것처럼 희망으로 가득 차 흥겹기도 하다. 페루가 비록 자유민주주의 국가라고 해도 인도의 카스트 제도처럼 사회에는 '계층'이라는 말로 포장된 계급이 존재한다. 순수 유럽 혈통인 끄리오요Criollo나 성직자가 맨 위를 차지하고 그 아래로 유럽계와 원주민의 혼혈인 메스띠조Mestizo가 있다. 그리고 잉카의 후예를 비롯한 페루의 원주민들과 빼루아노 네그로가 사회의 가장 밑바닥에 존재한다. 부는 끄리오요를 비롯한 소수에 집중되어 있다. 원주민들은 식민지 시절이나 지금이나 가난에서 벗어나지 못한 채 힘겹게 살아간다.

노란 산 프란시스코 성당의 외관

1821년 아르헨티나의 해방자 호세 데 산 마르틴José de San Martín 장군이 리마를 점령한 후 페루의 독립을 선포했지만, 이것은 당시 라틴 아메리카를 다스리고 있던 귀족들이 스페인의 지배에서 독립한 것일 뿐, 인디오의 삶과는 무관했다. 부와 가난은 대를 이어 오늘에 이르고, 도시는 가난한 이들이 모여 있는 구시가지와 부자들의 땅인 신시가지로 나뉘어 있다.

어둠이 드리워지면서 후안과 나는 사람 냄새 물씬 담아 시장을 나선다. 어둠 속에서도 여전히 도로에서는 장사꾼들이 위험하기 짝이 없는 자동차 사이를 오가며 물건을 팔고 있다. 하나라도 더 팔기 위해, 조금이라도 더 벌기 위해, 가난에서 조금이라도 벗어나기 위해 치열한 생존의 전쟁터로 내몰린 사람들은 어제와 다름없이 시커먼 자동차 매연을 마시며 리마의 밤을 맞는다. 이들은 과연 언제쯤 이 현실에서 벗어날 수 있을까? 이들에게 언제쯤 마요르 광장은 부와 가난의 경계를 허물고 다가올 것인가!

마요리스따 시장

:: 거대한
박물관의 도시

페루에는 오랜 문명과 역사만큼이나 박물관이 많다. 한마디로 발에 채이는 것이 박물관이다. 박물관 기행을 테마로 삼아 돌아다녀도 몇 날 며칠은 걸릴 정도로 도시 전체가 하나의 박물관이라 해도 과언이 아니다. 국립 인류학 박물관, 국립 고고학 박물관, 국립 역사학 박물관, 아마노 박물관, 라파엘 라르꼬 에레라 박물관, 고전 박물관, 중앙준비은행 박물관, 엔리꼬 폴리 박물관, 자연사 박물관, 리마 박물관 등 참으로 종류도 다양하다. 남미 고고학에 있어서 귀중한 자료들이 특히 이곳 리마에 있는 박물관에 많이 보관·전시되어 있다. 이 많은 박물관만큼 보고 싶은 것도 많고, 알고 싶은 것도 많아 이곳저곳을 돌아다니고 싶은 욕심이 간절하지만, 대표로 황금 박물관_{Museo Oro del Perú}과 리마 시내에 있는 우아까 뿌끄야나 피라미드_{Huaca Pucllana}만 둘러보고 이끼또스로 떠날 계획이다.

잉카의 화려함으로 유명한 황금 박물관을 찾아 리마 외곽에 있는 알론소 데 몰리나 거리_{Av. Alonso de Molina}로 향한다. 황금 박물관은 리마 중심가에서 꽤나 떨어진 외곽의 한적한 주택가 한쪽에 자리 잡고 있다. 미겔 무히까 가요_{Don Miguel Mujica Gallo}라는 실업가가 세운 사설 박물관으로 1층에는 사무라이의 전투복과 중세의 갖가지 총포들이 전시된 무기 박물관이 있고 지하에는 황금 박물관이 있다.

33쏠_{Sol(3.3쏠=약 1달러)}이라는 거금을 내고 황금 박물관에 들어서자 고대 페루의 화려한 문명이 펼쳐진다. 종족 의식이나 뇌 수술을 할 때 쓴 것으로 추측되는 잉카의 칼 '투미_{Tumi}'를 비롯해 갖가지 동물 모양의 탈과 작은 장식들 모두가

황금 박물관이라는 이름에 걸맞게 번쩍이는 황금으로
만들어졌다. 화려한 황금 장식품들에 둘러싸여 있
다 보니 문득 페루를 정복한 스페인들이 잉카의
어마어마한 황금에 군침을 흘릴 수밖에 없
었을 것 같다는 생각이 들었다.

잉카의 흔적 하나하나를 카메라에
담아 오랜 시간이 흐른 뒤에도
꺼내 볼 수 있으면 좋으련만,
박물관 내부는 사진 촬영이 금
지되어 있다. 관람객들이 참고
로 가져갈 만한 안내 책자조차 없
어 직원 몰래 셔터를 눌러 보지만
요란한 소리 때문에 생각만큼 쉽지
않다. 결국 발길이 향하는 곳은 박
물관 한쪽에 자리 잡은 기념품 상점
이다.

이곳에서는 잉카 유적의 모조품과 페루
에 관한 책들을 팔고 있는데, 책 한 권 가격
이 무려 100쏠! 입이 떡 벌어진다. 페루의 최저
임금이 600쏠인 것과 비교하면 엄청난 가격이
만, 황금 박물관에 전시된 유물의 정보가 담긴 유일
한 것이라 '울며 겨자 먹기'로 사고 만다. '페루는 관
광객을 달러로 보는 것 같다'고 말한 어느 외국인의
말이 떠올라 기분이 씁쓸하다.

황금 박물관을 나와 피라미드가 있는 아레끼빠 거

황금 박물관 내의 다양한 전시품

∧ 우아까 뿌끄야나 피라미드
∨ 우아까 뿌끄야나 피라미드의 단면

리_{Av. Arequipa}로 향한다. 우아까 뿌끄야나 피라미드는 기원전 700년에서 200년 사이에 지어진 것으로 리마 시내에 남아 있는 몇 안 되는 고대 유적이다. 이곳은 사람이 거주했던 곳은 아니고 고대 리마의 집회나 축제, 장례 등 마을 행사가 치러졌던 곳이라 한다.

유적지 입구에 도착하자 하얀 빛깔을 띤 피라미드가 얼핏 보인다. 그러나 '가는 날이 장날'이라고 했던가! 하필 휴관이라 들어갈 수 없다고 한다. 페루는 박물관이나 유적지마다 휴관하는 날이 다르니 이런 상황이 되면 참 곤란하다. 미리 확인을 못한 내 탓도 있겠지만 여행객 입장에서는 이해하기 어려운 것 중의 하나다. 그러나 다행히도 마음씨 좋은 직원 덕분에 사진을 몇 장 찍을 수 있는 기회를 얻었다.

피라미드는 벽돌을 하나하나 쌓아 올린 계단 모양이다. 멕시코의 아쓰떽 문명이나 마야 문명 시대에 피라미드가 네모반듯한 커다란 바위로 만들어진 것과 달리 이곳의 피라미드는 흙을 굳혀서 만든 작은 벽돌을 촘촘히 쌓아 올렸다. 또한 중간중간에 간격을 만들어 지진으로 인해 피라미드가 무너지는 것을 막았다고 하니, 옛 잉카인들의 지혜가 놀랍다. 우아까 뿌끄야나 피라미드는 기대한 만큼 높은 피라미드는 아니지만, 좌우로 길게 뻗어 있는 모습이 커다란 경기장의 스탠드를 연상하게 한다.

앞을 막아선 '휴관' 팻말 너머로 고대의 신비가 가득하건만 친절은 더 이상 허락되지 않는다. 어쩔 수 없어 그저 먼발치에서만 아쉬움을 달랠 뿐이다. 결국 리마에서 제일 보고 싶었던 것을 못 보고 돌아서야 하는 발걸음이 허전하기 그지없다.

어느덧 이별할 시간. 페루에서 만난 첫 친구이자 든든한 보디가드가 되어 준 후안과 뜨거운 악수를 나누고 이끼또스행 비행기에 몸을 싣는다. 이제 두 시간 뒤면 만나게 될 미지의 신세계 아마존 정글을 생각하니 벌써부터 가슴이 설렌다.

리마에 가면 뭘 먹을까?

태평양의 푸른 바다와 접하고 있는 페루는 수산 대국답게 정어리 같은 신선한 어패류가 풍부하기로 유명하다. 또한 양파, 토마토, 시금치가 원산지라고 말할 만큼 유명하여 이를 이용한 다양한 먹을거리가 곳곳에 즐비하다.

한 번쯤 먹어 봐야 할 것에는 페루의 대표적인 음식인 쎄비체Cebiche가 있다. 흰 살 생선과 소라 등 신선한 어패류를 레몬즙과 야채, 향신료로 버무려 만든 요리다. 레몬에서 오는 독특한 신맛과 씹기에 부드러운 생선 살이 어우러져 입 안 가득 행복한 맛이 전해진다. 처음에는 신맛 때문에 우리네 입에 잘 맞지 않는다고 느낄 수 있지만 한번 그 맛을 보면 계속해서 빠져들고 만다.

다양한 요리가 넘쳐나서 무엇을 먹을지 선택을 잘 못하겠다면 우리나라 식당으로 치면 '오늘의 메뉴'라고 할 수 있는 요리로 결정하는 것도 한 방법이다. 메뉴 델 디아Menúi del Día는 스페인어로 오늘의 메뉴라는 뜻으로 5~10쏠 정도의 저렴한 가격에 한 끼를 먹을 수 있는 음식이다. 리마에 있는 레스토랑은 대부분 그날그날 대표 식단으로 메뉴 델 디아를 선보이고 있다.

로모 쌀따도Lomo Saltado는 가늘게 썬 쇠고기와 양파, 감자튀김 등을 넣어 볶은 요리로 가장 흔히 볼 수 있는 메뉴다. 알빠까 요리Lomo de Alpaca는 지방이 없는 쇠고기와 비슷한 맛이 나서 담백하게 즐길 수 있다. 아보카도 등 다양한 채소를 넣어 만든 신선한 샐러드도 먹을 만하다. 구성은 애피타이저, 메인 요리, 디저트로 되어 있다.

2장

이끼또스
IQUITOS

바늘 하나 들어가지 않을 것처럼 빼곡한 정글 사이로
황토색 강이 구불구불 굽이쳐 흐른다.
강은 새로운 강줄기를 만들며 정글을 섬으로 바꾸어 놓기도 하고
강과 강이 만나 더 큰 강을 만들어 내면서 변화무쌍한 모습을 보여 주기도 한다.
아마존 전체가 살아 움직이는 하나의 유기체 같다.

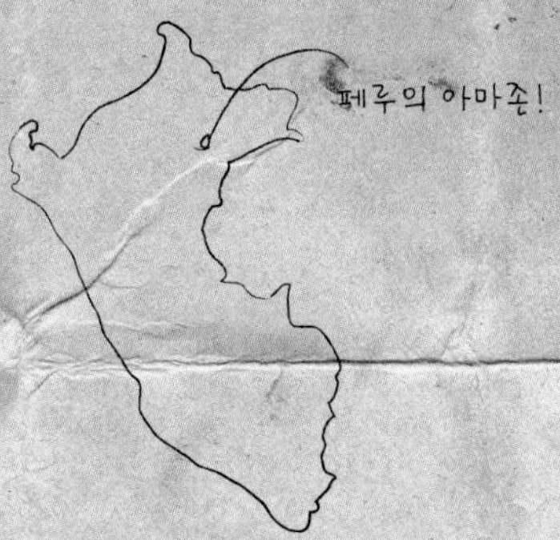

:: 작은 아마존
까쓰또꼬챠 동물원

이끼또스를 향해 날아가는 비행기 안은 한 무리의 학생들로 무척이나 소란스럽다. 수학여행이라도 가는 듯한 학생들은 "떴다 떴다 비행기, 끼끼끼!Vuela Avion, Qui, Qui, Qui!" 리듬에 맞춰 입을 모아 즐겁게 노래를 부르고, 기류에 의해 비행기가 위아래로 요동칠 때마다 롤러코스터를 타는 것처럼 짜릿한 환호성을 지른다. 아마존을 본다는 부푼 기대감 때문인지 그들의 시끄러운 소리가 싫지만은 않다.

이끼또스는 페루 북부에 위치하고 있으며 별명은 '육로로 외부와 연결되지 않은, 세계에서 가장 큰 도시'다. 리마에서 이끼또스까지는 약 1,300km 정도 떨어져 있으며, 며칠 밤낮이 걸리는 배를 제외하면 비행기가 유일한 교통수단이다.

비행기 아래로는 첩첩한 안데스 산맥이 보이는데 페루하면 많은 사람들이 이 유명한 산맥을 제일 먼저 떠올린다. 안데스 산맥은 베네수엘라 북서부의 마라카이보 호(湖)에서 칠레 남단의 띠에라 델 푸에고Tierra del Fuego까지 남미 대륙을 따라 남북으로 길게 뻗어 있다. 지구상에서 가장 장엄하고 웅장한 산맥으로 꼽히며 7개국에 걸쳐 펼쳐져 있다. 안데스 산맥 중에서도 페루 안데스 산맥은 남동쪽으로 뻗은 3개의 산맥으로 이루어져 있으며, 옥시덴탈 산맥 서부가 대부분을 차지한다. 페루 안데스 산맥과 센트럴 안데스 산맥은 알티플라노 고원에서 만나 더 크게 그 기세를 떨친다. 세계 최대의 내륙분지인 이 고원에는 세계에서 가장 높은 고도에 위치한 띠띠까까 호수가 페루와 볼리비아 국경을 가로지르며 펼쳐져 있다. 그 규모만큼이나 다양한 얼굴을 지니고 있는 안데스 산맥은 사막에 가까울 정도로 나무 하나 보이지 않더니, 어느새 크고 작은 호수가 이어진 산자락으로, 그러곤 만년설로 모습을 바꾼다.

비행기가 산맥을 넘어서자 초록 밀림이 끝없이 펼쳐진다. 바늘 하나 들어가지 않을 것처럼 빼곡한 정글 사이로 황토색 강이 굽이쳐 흐른다. 강은 새로운 강줄기를 만들며 정글을 섬으로 바꾸어 놓기도 하고 강과 강이 만나 더 큰 강을 만들어 내면서 변화무쌍한 모습을 보여 준다. 아마존 전체가 살아 움직이는 하나의 유기체 같다. 거대한 산과 강을 보고 있자니 한비자가 한 말이 새롭게 와 닿는다.

> 태산은 흙과 돌의 좋고 나쁨을 가리지 아니하고
> 다 받아들이기에 그 높음을 이룰 수 있었고
> 양자강이나 넓은 바다는 작은 시냇물도 버리지 않고
> 다 받아들이기에 그토록 넉넉해질 수 있었다.

잠깐 사색에 빠져 있는 동안 학생들이 외치는 환호성과 함께 비행기는 활주로에 사뿐히 내려앉는다. 활주로에는 열대 우림의 뜨거운 열기가 이글거린다. 가을 날씨인 리마에서 시간을 거슬러 한여름으로 계절 여행을 온 기분이다. 공항을 빠져나오니 한증막의 열기를 맞듯 이끼또스의 뜨거운 바람이 후끈하게 밀려온다. 그리고 리마의 차베스 공항에서 그랬던 것처럼 십여 명의 택시기사와 모또Moto 기사들이 밀려온다. 아무래도 페루 여행을 하는 동안은 새로

비행기에서 내려다 본 이끼또스

도착하는 도시마다 이러한 시달림을 감수해야 할 것 같다.

스페인어로 이야기를 하다 보면 터무니없는 가격을 부르지 않는 것이 보통이라 가장 먼저 온 기사와 흥정을 하기로 하고 나머지 사람들을 돌려보낸다. 이끼또스에서 인연을 맺은 모또 기사의 이름은 가브리엘Gabriel. 정글의 바다에 갇힌 이끼또스에는 모또라고 부르는 삼륜 오토바이가 버스나 택시보다 더 많이 다닌다. 모또는 오토바이 뒤에 두 사람이 탈 수 있는 좌석을 붙인 것으로 바람이 잘 통하며 이끼또스 시내에서 사람들의 발 역할을 톡톡히 하고 있다.

이끼또스의 마을과 모또

가격도 택시에 비해 저렴해서 많은 페루 사람들과 관광객들이 이용하고 있다. 조금 시끄러운 것이 단점이지만 이것도 여행에 있어서는 하나의 추억이기에 견딜 만하다. 요란하게 거리를 질주하는 모또 소리를 듣고 있으니 모또의 도시, 이끼또스에 온 것이 실감난다.

가브리엘은 자신이 아는 오스뻬다헤Hospedaje 숙소로 나를 안내한다. 여행을 준비하며 이끼또스에서 묵을 곳을 미리 정해 놓았으나 예약을 한 것도 아니라서 가브리엘이 소개하는 곳에 그냥 묵기로 마음먹는다. 택시 기사나 모또 기사들은 숙소에 승객을 데려다 주고 약간의 수수료를 받는다. 오스빼다헤의 숙박비가 30쏠이니 가브리엘이 받는 돈은 많아야 3쏠, 우리 돈으로 천 원 정도에 불과하다. 우리나라에서야 천 원으로 뭘 할 수 있을까 싶지만 이곳에서는 모또의 기본요금이고, 맛있는 빵을 서너 개나 살 수 있다.

이끼또스 여행의 첫 목적지는 작은 아마존으로 불리는 끼쓰또꼬차Quistococha 동물원. 서둘러 호텔에 여장을 풀고 나를 기다리고 있는 가브리엘의 모또에 오른다. 모또에 올라타자 가브리엘은 조심스럽게 아들이 동물원에 가는 걸 좋아하는데 함께 데려가도 괜찮은지 묻는다. 무뚝뚝한 남자 둘이 가는 것보다는 재미있겠지 싶어 아들을 데리러 가브리엘의 집으로 향한다.

가브리엘의 모또가 작은 식당 앞에 서자 아들이 달려와 반갑게 맞는다. 드럼통으로 만든 화로 위에서 닭고기가 노릇노릇 맛있게도 익어 간다. 공립 학교 교사인 가브리엘의 아내는 오전에는 아이들을 가르치고 오후에는 식당에서 음식을 만들어 파는 열혈 아줌마다.

모또 기사 가브리엘과 그의 아들 '작은 가브리엘'은 동물원 나들이에 좋은 친구가 되어 주었다.

끼스또꼬챠
동물원에서는
여러 동물을
만날 수 있다.

아이에게 다가가 "네 이름이 뭐니?" 물으니 부끄러운 듯 어색하게 웃으며 몸만 배배 꼰다. 아이와 친해지려면 시간이 필요할 모양이다. 가브리엘이 다가와 아이의 이름은 가브리엘이라고 알려 준다. 이런! 아빠와 이름이 똑같다니! 뜻밖이다. 사람들은 아이를 '작은 가브리엘'이라고 부른다고 한다. 두 명의 가브리엘과 함께 가는 동물원 나들이가 심심치 않을 것 같다.

정글을 가르는 길답지 않게 동물원으로 향하는 도로는 깔끔하게 포장되어 있다. 길가로 이어져 있는 열대 나무들과 시골집들을 스쳐 달린 지 삼십여 분, 모또가 폴폴 먼지를 일으키며 끼스또꼬챠 동물원 앞에 멈춘다.

안으로 들어서자 아마존의 괴물과 유령을 그려 놓은 작은 벽화가 담을 따라 이어진다. 아이들의 눈에는 어떻게 보일지 모르겠으나, 관광객의 눈에는 너무 '해학적'인지라 명랑만화의 한 장면처럼 느껴진다. 아마존 전설 속 여러 유령들 중에서 아이들이 가장 무서워하는 것은 뚠치El Tunchi다. 밀림 깊은 곳에 살고 있는 뚠치는 어두운 밤이면 "핀핀핀!Fiiin, Fiiin, Fiiin!" 휘파람 소리를 내며 나타나 아이의 영혼을 빼앗아 간다고 한다. 가브리엘은 아이들이 말을 안 들을 때 무서운 뚠치 이야기를 해 주면 바로 말을 잘 듣게 된다고 이야기하며 웃는다. 마치 우리가 "망태 할아버지가 잡아간다!"라고 하며 아이들을 겁주는 것처럼.

아마존 괴물 벽화들을 지나 동물원 안쪽으로 들어선다. 아니, 작은 가브리엘 또래쯤 되어 보이는 여자아이가 혀를 날름날름 거리는 무서운 아나콘다와 함께 앉아 있는 것이 아닌가! 여자아이는 자신보다 두세 배는 더 커 보이는 아나콘다를 쥐고 관광객들의 사진 모델이 되어 주며 그 대가로 쁘로삐나(팁)를 받는다. 여자아이가 다가와 "목에 걸어 보겠느냐?"며 아나콘다를 들이민다. 순간, 온몸에 소름이 돋는다. 저 큰 뱀이 내 목을 감싸 조르기라도 한다면, 저 날카로운 이빨로 나를 물기라도 한다면…… 상상하니 덜컥 겁이 난다. 도무지 엄두가 나지 않는다. 설레설레 고개를 저으며 도망치듯 자리를 떠난다.

끼스또꼬챠 동물원에는 아마존 강과 정글에서 살아가는 갖가지 동식물들이 옹기종기 모여 있다. 사람을 무서워하지 않는 앵무새는 곁에 다가와 수다를 떨고, 연못가에서는 거북이와 악어의 해바라기가 한창이다. 마치 이들만의 세상에 들어선 내가 방해꾼이 된 것 같은 느낌이다.

거대하게 솟은 열대의 나무들을 지나니 탁 트인 아마존 강과 넓은 모래 사장이 모습을 드러낸다. 어느 바닷가 부럽지 않은 풍경에 아마존의 거대함을 실감한다. 모래사장에서는 비행기에서 "끼끼끼" 환호성을 지르던 학생들의 배구 시합이 한창이다. 학생들은 나를 보자 "올라!" 하며 손을 흔들어 보인다. 한 비행기를 타고 와 이 넓디넓은 아마존에서 다시 만난 것이 반가워 나도 "올라!" 하고 소리쳐 인사한다. 생기발랄한 학생들은 실컷 공놀이를 하다가 더워지면 아마존 강으로 풍덩풍덩 뛰어들기를 반복하며 작열하는 태양의 열기를 즐긴다.

옷을 모두 훌훌 벗어던지고 저들을 따라 물속에 들어가 몸을 담그고 싶은 마음이 간절하다. 넓지 않은 동물원이지만 이끼또스의 뜨거운 태양을 버텨내기에 물 한 통은 턱없이 부족하다. 종횡무진 동물원을 휘젓고 다니는 작은 가브리엘을 아이스크림 가게로 불러들인다. 수줍음 많은 작은 가브리엘은 선뜻 아이스크림을 고르지 못하고 손톱만 물어뜯는다. 제일 맛있어 보이는 아이스크림을 골라 작은 가브리엘 손에 쥐여주자 녀석은 들릴 듯 말 듯 한 목소리로 "그라시아스Gracias 고맙습니다"라고 한다.

우리는 아이스크림을 입에 물고 나무 그늘 아래 자리를 잡고 앉는다. 아마존 강바람과 입에서 살살 녹는 아이스크림이 더운 땀을 식혀 주고, 내 옆에 기대어 앉은 작은 가브리엘이 나를 보고는 씩 이를 드러내며 웃는다. 조금씩 아마존의 정글이 익숙해지는 것처럼 작은 가브리엘도 친근하고 살갑게 다가오는 것 같다.

아마존 강에서 물놀이와 공놀이를 하는 사람들

:: 벨렌의
사람들

'이끼또'라는 인디오 부족의 이름에서 유래된 이끼또스는 1864년 스페인 군대에 의해 개발되기 시작했다. 아마존 정글에서 '검은 황금'이라고 불리는 고무나무를 발견한 스페인 군대는 고무의 수출항과 채집 장소가 필요했던 것이다. 고무 수출은 1940년대까지 전성기를 누렸고, 그동안 이끼또스는 40만 명이 넘는 사람들이 모인 큰 도시가 되었다. 그러나 필리핀 등에서 고무를 대량으로 생산하기 시작하면서 이끼또스의 고무 산업은 사양길로 접어들었고 이곳의 경제는 점차 악화되었다.

오늘은 이끼또스의 인구 중 15만 명이 산다는 수상 도시 벨렌Belen 지구에 가볼 계획이다. 벨렌 지역은 가난을 피해 정글을 빠져나온 사람들이 일차적으로 정착하는 곳으로 도시와 정글의 교차점에 위치하고 있다.

오래전 방송에서 봤던 벨렌의 풍경과 그곳에서 살아가는 어느 가족의 삶은 아픔으로 다가왔다. 어린 아이들이 요리라고 부르기도 어려운 맨밥을 먹으면서도 누군가를 위해 그것마저 남긴다. 그리고 그 밥을 모아 따로 밥 한 그릇을 만든다. 일하는 누나를 위해 어린 동생들이 배고픔을 참으며 남긴 사랑의 밥이다. 그들의 따뜻한 가족애를 보며 가슴이 꽉 막히는 기분이었다.

그러나 여행을 준비하며 읽은 몇몇 가이드북에서는 벨렌 지구를 '조심해야 할 곳'이라며 경고하고 있다. 어떤 것이 진정한 벨렌의 모습일까? 벨렌의 진짜 모습이 궁금해진 나는 조심해서 나쁠 건 없다고 생각하며 가브리엘에게 함께 벨렌에 가 줄 것을 미리 부탁해 두었다. 이끼또스 출신인 가브리엘은 몇 년간 타지에서 일했을 때를 제외하고는 평생을 이곳에서 살고 있는 토박이라 위험한 상황이 닥쳐도 나를 지켜 줄 수 있을 것이다.

부릉부릉! 나를 태운 모또는 시끄러운 모터 소리와 함께 좁은 시장 길로 들어선다. 벨렌 지구는 이 벨렌 시장에서 시작된다. 시내가 비교적 한산한 것에 비하면 시장은 사람들로 북적거린다. 좌판 이곳저곳에는 처음 보는 아마존의 신선한 생선들이 잔뜩 쌓여 있다. 길이가 3m나 되는 큰 물고기 빠이체에서 조그마한 생선들까지 다양하다.

또한, 호박처럼 생긴 수박과 줄기 채 잘라온 바나나, 이름 모를 아마존의 열대 과일들이 다양한 색을 뽐내며 한 폭의 정물화처럼 풍성하게 쌓여 있다. 거대한 아마존의 정기를 담고 있어 인간의 영혼을 치료한다는 약초와 진액을 파는 상점도 눈에 띈다. 가브리엘은 많은 외국인들이 아마존에서 나는 약재를 사기 위해 이 시장을 찾는다고 했다.

한쪽의 포장마차에서는 바나나, 닭, 생선이 고소한 냄새를 풍기며 뜨거운 숯불 위에서 익어가고 있다. 그리고 아마존의 애벌레 수리Suri 꼬치구이도 떡하니 한 자리를 차지하고 있다. '고소하다'는 가브리엘의 말에 어떤 맛일지 궁금하면서도 그 모양새 때문에 차마 손이 가지는 않는다. 이곳 사람들에게는 삶아서도 먹고, 구워서도 먹는 간식거리지만 내 비위가 받아주질 않는다. 구워서 더 달콤해진 구운 바나나와 아마존의 열매 '까무 까무Camu Camu'로 만든 달콤새큼한 음료인 '까무 까무'만 한 잔 맛본다.

벨렌 시장에서 가장 많이 눈에 띄는 것 중 하나는 숯 가게다. 가스나 석유와 같은 연료가 많이 부족한 이끼또스와 아마존 정글에서 숯은 가장 중요한 연료다. '육로로 외부와 연결되지 않은 곳'이라는 이끼또스의 별명처럼 외부로부터 다른 에너지원을 얻기가 쉽지는 않을 것이라는 생각이 든다. 그리고 이는 이끼또스의 경제 사정이 좋지 않다는 것을 말하는 것이리라.

벨렌 시장을 빠져나올 때쯤 언덕 아래로 펼쳐진 벨렌 지구가 눈에 들어온다. 벨렌은 홍수의 위협을 받지 않는 고지대에 있는 벨렌 알따Belen Alta와 아마존

∧ 다양한 꼬치구이
∨ 벨렌 시장의 모습

의 지류인 이따야 강Río Itaya을 끼고 사람들이 사는 벨렌 바하Belen Baja로 나뉜다. 벨렌 알따만을 가리켜 벨렌이라 하고, 벨렌 바하를 말레꼰 따라빠까Malecón Tarapacá라고 부르기도 한다. 여행서들이 벨렌에서도 특히 주의를 주는 곳이 바로 말레꼰 따라빠까 지역이다.

아마존이 범람하면 말레꼰 따라빠까 지역의 집들은 대부분 수상 가옥으로 변한다. 그리고 강기슭에 있는 허름한 집들은 조각배가 되어 물 위에 둥둥 떠다닌다. 집 바닥에 깔아 놓은 통나무가 뗏목 역할을 하는 것이다.

강기슭에서 벗어나 2~3m 높이의 기둥을 세우고 그 위에 지어진 집들도 침

수 피해를 당하곤 한다. 작은 배라도 가지고 있어 고지대로 몸을 피할 수 있는 사람들은 그나마 형편이 나은 편에 속한다.

거센 강물에 언제 떠내려갈지 모르는 집들이라 그럴까? 집들 대부분은 '집'이라고 부르기에는 참으로 궁색한 모양새다. 예전 우리나라의 판잣집보다도 못한 것 같다. 나무판을 대어 만든 집들은 비바람조차, 최소한의 사생활조차 지켜 주지 못할 것처럼 보인다. 나무집 옆에는 비닐로 둘러싼 초라한 화장실이 있고 집 뒤편으로는 건축 폐자재와 쓰레기 더미가 잔뜩 쌓여 있다. 통나무집은 앞뒤, 좌우로 길게 이어져 찾기 힘든 미로 같은 골목을 만들고, 바닥이 뚫린 집에서 쏟아내는 생활하수는 작은 도랑을 타고 이따야 강으로 그대로 흘러들어 간다.

이따야 강을 터전으로 삼아 살아가는 사람들

이런 곳에 이렇게도 많은 사람이 살고 있다는 생각을 하니 마음이 착잡하다. 과자 몇 개를 탁자에 올려놓고 파는 작은 상점과 골목을 누비며 뛰어다니는 아이들마저 없었다면 틀림없이 슬럼가를 연상케했을 것이다.

밖에서 환히 들여다보이는 낡은 통나무집 안에서는 웃통을 벗은 벨렌 남자들이 그물 침대인 하마까Jamaca에 누워 세월을 보낸다. 거리에 앉아 시간만 축내고 있는 사람들은 달갑지 않은 눈빛으로 이방인을 대한다. 모든 것을 드러내놓고 생활하는 자신들만의 공간을 관광지 삼아 찾아온 여행객이 곱게 보이지 않는 모양이다. 그리고 나 또한 그들을 보고 있자니 괜히 미안한 마음이 들어 편치 않다.

일을 하고 싶어도 일거리가 없어 가난에 방치된 사람들. 고무 수출이 사양길로 접어들면서 이끼또스 사람들이 할 수 있는 일도 사라졌다. 아! 한 번 뿌리를 내린다는 것이 이렇게 가혹할 줄이야! 힘겹게 살아가면서도 사람들은 자

신이 사는 땅을 떠날 줄 모른다. 아마존 정글을 지배하는 여러 신이 이들을 붙잡고 있는지도 모르겠다. 그 신들이 아마존 정글의 풍요로움만큼 이들의 삶도 풍요롭게 해 주면 좋으련만 이들을 옥죄고 있는 가난의 사슬은 끊어질 줄 모르고 대물림되는 것 같아 마음이 무거워진다.

어느덧 강가 선착장. 통나무를 깎아 만든 배인 까노아Canoa에 탄 사공들이 나를 향해 손짓하며 부른다. 강가 사람들의 풍경을 담고 싶어 배에 오른다. 어른 한 사람이 앉을 만한 좁은 폭의 긴 까노아는 잔잔한 물살을 헤치며 강 한 가운데로 나아간다.

벨렌 시장과 가까운 항구는 짐을 싣고 내리는 사람들로 분주하다. 벨렌의 아낙네들은 강에서 빨래를 한다. 황토색 강에 그물을 드리운 어부들은 간절한 마음으로 하루의 양식을 조금이라도 얻길 원한다. 물고기를 잡는 것 말고는 이렇다 할 생계 수단이 없는 사람들이 많은 탓에 어획량은 보잘것없다.

∧ 벨렌 바하 지구의 까노아 선착장
∨ 다이빙 시합에 열중인 아이들, 이들이 이끼또스의 희망이다.

그러나 구김살 없는 아이들은 누군가의 배 위에서 연방 물살을 튀겨 가며 다이빙을 해댄다. 물에 뛰어든 아이 중 하나가 "올라!" 소리치며 손을 흔든다. 아이들의 다이빙 놀이에 장난기가 발동한 나는 "너는 5점, 쟤는 10점!" 하고 점수를 매긴다. 작은 장난에 오기가 난 아이들이 온갖 멋진 폼을 다 잡으며 줄줄이 강으로 뛰어든다. 물 위로 고개만 내민 채 "몇 점이냐?"라고 묻는 아이를 향해 "10점!" 하고 소리치자 아이는 기쁨의 환호성을 지르며 물장구를 마구 친다. 그 뒤를 이어 다른 아이가 나는 듯한 폼으로 뛰어들며 "10점?" 하고 묻는다. 아이들은 나를 심사위원 삼아 한바탕 다이빙 시합을 벌인다.

가난이 지배하는 벨렌 거리. 그러나 강에서 만난 아이들은 세상 누구보다 행복한 웃음을 지니고 있다. 장난삼아 아이들에게 매겨 준 점수는 어설픈 다이빙 실력에 대한 것이 아니라 저 아이들이 느끼는 행복만큼의 점수일 것이다. 가난한 삶 속에서도 작은 것에 행복해 할 줄 알고, 자연을 벗 삼아 행복을 만들어 가는 아이들을 보니 내게도 행복 바이러스가 전염되는 것 같다. 아이들을 향해 연방 손을 흔들고, 그들과 함께 웃으며 마음의 그늘을 걷어낸다.

:: 신비로 우거진
봄의 정글

드디어 아마존 정글 투어가 시작되는 오늘, 미지의 정글에 대한 설렘에 평소보다 서둘러 하루를 시작한다. 아니, 시작한다기보다는 설렘이 나로 하여금 서둘러 하루를 시작하게 만든다는 표현이 맞을 것이다. 이틀간 아마존 밀림을 누비며 대자연의 정기에 흠뻑 빠져 볼 생각이다.

시간이 이른 탓인지 여행사로 가는 길은 한산하다. 여행사 앞에서는 이제 막 문을 연 포장마차가 하루 장사를 준비한다. 서두르느라고 아침을 안 먹은 터라 이곳에서 간단히 요기를 하기로 한다. 작은 포장마차의 기름 솥에선 아마존의 고구마인 유까Yuca를 으깨어 커다란 만두 모양으로 만들어 튀긴 엠빠나다Epanada를 비롯해 바나나와 계란 프라이까지 척척 만들어진다. 포장마차의 요리사들은 부자지간처럼 다정해 보였는데 알고 보니 장인과 사위 사이라고 한다. 가게 옆에는 아이들이 엄마 곁에서 아빠가 준비한 아침을 먹고 있다.

배낭을 뒤져 비상식량으로 준비한 과자 몇 개를 커다란 눈망울을 가진 아이에게 내민다. 부모가 '프린스'라고 부르는 아이는 머뭇머뭇하더니 과자를 받아 엄마에게 수줍게 달려간다. 부모를 따라 하루종일 거리에서 있어야 하는 아이들을 보니 무엇이라도 주지 않고는 못 배길 정도로 마음이 아프다. 나뿐만 아니라 누구라도 이 아이들을 보면 그렇게 느낄 것이다.

시간이 지나면서 포장마차 주변으로 모또 기사들이 하나둘 모여들고 요리사의 손길도 덩달아 바빠진다. 나도 한 자리를 차지하고 엠빠나다와 보라색 옥수수를 으깨 발효한 치차 모라다Chicha Morada라는 음료를 시킨다. 이 음료는 달콤한 맥주 같기도 하고 와인 맛이 나기도 하는데 독특한 맛만큼이나 색깔도

FONOTAXI
232014
921
2
SERIE 9.
50973
6
3
2
1
75327
8
7
6
5

아름답다. 잔이 넘칠 정도로 치차 모라다를 담아 주는 후한 인심과 두툼한 엠 빠나다 두 조각에 금방 배가 든든해진다.

어느덧 출발 시간. 나를 포함한 여섯 명이 한 팀이 되어 선착장으로 향한다. 목적지인 '봄의 정글Celva Primavera'까지는 배로 무려 두 시간 정도 걸릴 것이라는 정글 가이드 힐베르또Jilberto의 말을 들으니 아마존의 엄청난 크기를 다시 한 번 실감하게 된다.

보트는 이따야 강을 빠져나가 아마존 강에 들어섰다. 나는 강의 풍경이라고 말하기에는 너무나 거대한 파노라마에 압도당한다. 해발 5,000m인 미스미 산맥Nevada Mismi에서 발원해 4,500km의 어마어마한 거리를 쉼 없이 달리는 강, 가장 넓은 강폭이 무려 6km에 달하며 500여 개의 지류를 가지고 있는 곳, 이 웅장한 자연 앞에 한없이 작아지는 나를 느낀다.

한참을 달린 보트가 서서히 속도를 줄이더니 수초가 무성하게 우거진 작은 강줄기를 조심스럽게 헤쳐 나간다. 보트의 모터소리가 잦아들자 이름 모를 새들의 울음소리와 달려드는 풀벌레, 높이 자란 초목들이 내가 아마존 한가운데에 당도했음을 알려 준다.

통나무집인 로지Lodge에 짐을 풀고 본격적으로 '봄의 정글' 탐험에 나선다. 정글을 지나는 데 없어서는 안되는 아마존의 칼 마체따Macheta를 든 힐베르또가 길을 열어 준다. 앞장서던 힐베르또는 정글 입구에서 나무에 벌집처럼 생겨난 개미집을 잘라내더니 몸에 바른다. 개미집을 바른 팔이 붉게 물든다. 보기에는 섬뜩하니 그리 좋아 보이지 않으나 정글에서 모기를 쫓아내는 데는 최고라고 한다.

아마존의 정글은 자연이 만든 커다란 보물창고 같다. 고무나무며 약재로 쓰이는 갖가지 나무와 풀들, 낯선 곤충들이 곳곳에 숨어 있다. 앞장서던 힐베르또가 멈춰 선다. 나무 넝쿨을 잡아 힘 있게 잘라내니 고로쇠 물과 비슷한 맑은 물이 나온다. TV에서 가끔 보기는 했어도 직접 눈으로 보니 신기할 따름

∧ 보트에서 바라보는 광활한 아마존 강
∨ 햇살이 쏟아지는 아마존의 샛강에서 고요한 평화를 느낀다.

수풀이 우거진 이따야 강

이다. 정글이 선사하는 달짝지근한 수액에 목을 축이는 동안 일행 주변으로는 엄청난 모기떼가 물 만난 고기처럼 모여든다. 긴소매 옷마저 쉽게 뚫는 모기떼는 아마존만큼 힘이 좋다.

일행은 모기떼를 피해 햇볕이 드는 작은 들녘으로 잠시 몸을 피했다. 아마도 아마존 원주민들이 벼농사를 짓기 위해 개간한 곳인 듯하다. 잡초가 무성하지만 벼 이삭이 제법 영글었다. 작은 논을 가로질러 나무 넝쿨이 우거진 정글로 다시 들어선다. 사방에는 사람 키를 훌쩍 넘는 풀들이 무성하고, 어른 몇이 둘러싸도 다 감싸안지 못할 만큼 거대한 나무들이 하늘을 덮어 따가운 햇살을 막아선다.

그러나 그것도 잠시. 먼 하늘에서 천둥소리가 들리더니 이내 번개가 번쩍이고 굵은 빗방울이 떨어지기 시작한다. 로지를 나설 때만 해도 구름 한 점 없는 하늘이었건만, 정글의 변덕스러운 날씨는 금방 폭우를 쏟아내고 일행은 순식간에 비 맞은 생쥐 꼴이 되어 버린다. 무서운 빗줄기에 사방이 뿌옇게 변하고 더 이상 앞으로 나아갈 수 없는 상황. 길을 헤치는 힐베르또의 마체따가 바빠지고 우리는 로지를 향해 달린다.

궂은 날씨에 오후 일정마저 취소되자 안타까운 한숨만 나온다. 일행은 로지 식당에 모여 가이드 중 한 명인 라울Raul의 기타 연주를 들으며 맥주잔을 기울인다. 아마존 원주민의 전통주인 마사또Masato는 아니지만 빗소리와 함께 곁들이는 맥주도 나쁘지는 않다. 빗소리는 저녁 늦게야 잦아들고, 사방에서 들려오는 풀벌레 소리가 로지에 퍼진다. "스르르스르륵", "삐삐", "찌르르찌르륵" 온갖 곤충들의 연주 속에 아마존의 밤은 깊어간다.

이튿날, 밀림을 깨우는 새소리와 함께 아마존의 아침도 깨어난다. 나무마다 둥지를 튼 수 백여 마리 새의 지저귐을 뒤로하고 보트는 좁은 샛강에 미끄러진다. "휘 휘" 뱃머리에 있는 힐베르또는 휘파람 소리를 내며 무엇인가를 찾더니 이윽고 강가에 배를 댄다. 배를 몰던 라울이 내려 나무를 타기 시작한다. 마치 원숭이가 나무에 오르는 것처럼 몸놀림이 빠르다. 나무 위에서 꼼짝도 하지 않던 검은 물체는 라울의 손에 붙들려 온다. '게으른 곰'이란 뜻의 오소 빼데로소Oso Pederoso, 나무늘보다. 움직이지 않고 잘 먹지도 않아서 머지않아 멸종될지도 모른다는 나무늘보는 라울의 손에 붙들려 오는 와중에도 쥐고 있던 나뭇가지를 놓지 않는다. 일행들은 신기하여 카메라 셔터를 연거푸 눌

한두 번 크르릉거리는 것 외에 큰 움직임이 없는 오소 빼데로소.
괜스레 미안해지지만 셔터를 누르는 손은 멈출 수 없다.

러댄다. 관광객들의 사진 모델이 되기 위해 잡혀 온 나무늘보의 착한 얼굴을 보니, 자연의 평화를 깬 듯해 미안한 마음이 앞서면서도 신기함은 어쩔 수 없다. 라울이 원래 있던 자리에 놓아줄 때까지도 나무늘보는 한두 번 크르릉거리는 것 외에는 별 반응을 보이지 않는다.

보트는 다시 아마존 강을 향해 달린다. 강이 너무 넓다 보니 이곳을 바다로 착각하며 살다가 이곳에 적응해 버린 돌고래가 있다고 한다. 이곳 사람들은 이 돌고래를 부페오Bufeo라고 부르고, 여러 가이드북에서는 분홍 돌고래라고 소개한다. 운이 좋으면 아마존 강에서 헤엄치는 부페오를 발견할 수 있지만, 지금처럼 비가 부슬부슬 내리는 날에는 보기가 어렵단다.

아마존 강을 배회하던 보트가 속도를 줄이더니 아마존 본류에서 벗어나 강마을이 보이는 곳에 배가 멈춘다. 라울과 힐베르또가 번갈아 가며 "끼이익" 소리를 낸다. 휘파람 소리로 나무늘보를 찾아내더니 이번에는 돌고래를 부를 모양이다. 정글을 무대로 살아가는 이들의 재주가 비상하다. 그러기를 잠깐, 부페오가 수면 위로 잠깐 모습을 드러내더니 이내 사라진다. 보트에 탄 어느 누구도 강에서 눈을 떼지 못하고 어디서 솟아오를지 모르는 부페오를 기다린다. 한 번 제 모습을 드러낸 부페오는 강 이쪽저쪽에서 빛나는 자태를 뽐내며 다시 등장한다. 그럴 때마다 탄성이 저절로 나온다. 달라진 환경에 제 모습을 바꾸며 자연에 적응해 가는 생명의 힘이 그저 놀랍기만 하다. 자연과 대화를 나누는 라울과 힐베르또, 민물에 적응하며 살아가는 부페오를 보면서 인간과 동물은 자연의 일부이자 자연 그 자체라는 것을 다시금 깨닫게 된다.

돌고래와의 짧은 만남과 아마존 '봄의 정글'을 뒤로하고 배는 이끼또스로 향한다. 먼발치에서 아마존 사람들이 보인다. 아마존 강변에서 살아가는 사람들은 자신들이 힘겹게 잡은 물고기를 사갈 배를 기다린다. 이들은 삶은 힘겹게 지속된다. 아마존이라는 이름의 거대한 세계 속에 고립되어 살아가는 사람들은 이끼또스의 사람들이 그런 것처럼 그들의 터전을 떠나지 못한다.

무엇이 이들을 이 고단한 삶에서 떠나지 못하게 하는 걸까? 그것은 '가난'이라는 단순한 이유 때문만은 아닐 것이다. '미련'은 더더욱 아닐 것이다. 그것보다도 이들은 아마존의 축복과 재앙 속에서 살아오며 이미 아마존의 일부가 되어 버린 것일지도 모른다. 도시의 회색 벽에서는 작은 씨앗조차 싹을 틔우지 못함을 알기에, 검은 아스팔트 위에 꽃이 필 수 없는 것처럼 자연과 동화되어 버린 자신들의 삶이 회색의 도시에서 피어날 수 없음을 알기에 문명사회로 나가지 못하고 있으리라.

과연 이들의 삶은 불행한 것일까? 이들이 불행하다고 생각하는 것은 나만의 착각은 아닐까? 나만의 동정심이 아닐까? 도시에서 많은 것을 누리는 나는 이들보다 행복할까? 행복의 기준은 무엇일까? 정답이 없는 어려운 문제다.

이끼또스

돌고래가 강물에 산다고?

바다에서나 사는 돌고래가 아마존에 살고 있다면 믿어지는가? 배를 타고 아마존 강을 지나가다 운이 좋은 날에는 귀엽고 예쁜 돌고래를 만나 볼 수 있다.

오직 아마존 강에서만 볼 수 있는 이 돌고래는 거대한 육식성 새들이 살던 마이오세(2,600~2,700만 년 전) 때 이빨고래가 진화한 동물로, 바다에 사는 여느 돌고래보다 입이 뾰족하고 구슬같이 맑은 눈과 곱사등, 매끈한 피부를 지니고 있으며, 아름다운 분홍 빛깔을 띠고 있다. 총 길이가 2.8m~4m나 되며, 무게는 180kg에 달할 정도로 크다. 이 분홍 돌고래를 페루인들은 '부페오 콜로라도'로, 브라질인들은 '보뚜'로, 과학자들은 '이니아 조프랜시스'로 부르고 있다. 현존하는 고래 중 가장 오래된 종이기도 하다.

그 특이함만큼이나 분홍 돌고래에 관한 이야기도 다양하다. 아마존 사람들은 보뚜가 원래는 사람이었는데 분홍 돌고래가 되었다는 전설을 사실로 믿고 있다. 분홍 돌고래에 관한 전설은 이뿐만이 아니다. 소나기처럼 한바탕 쏟아부으며 나무를 부러뜨리고서야 이내 멎는 '남자 비'와 달리 몇 시간을 흐느끼듯 줄기차게 내리는 비를 '여자 비'라고 한다. 그런데, 분홍 돌고래는 '여자 비' 속에서 아름답고 매혹적인 여자로 변하여 카누 위에 앉아 남자를 유혹해서 수중 세계인 엥깡찌로 데려간다고 한다. 그밖에도 청년으로 변한 보뚜의 구애를 받은 소녀의 이야기 등 이루 헤아릴 수 없는 많은 설화 속 주인공으로 분홍 돌고래가 등장한다.

이끼또스의 아르마스 광장에는 부페오라는 아름다운 돌고래상 분수가 시원하게 물을 뿜고 있다. 아르마스 광장에서 이 돌고래상을 보며 재미있는 설화를 떠올리는 것도 여행의 재미를 더할 것이다.

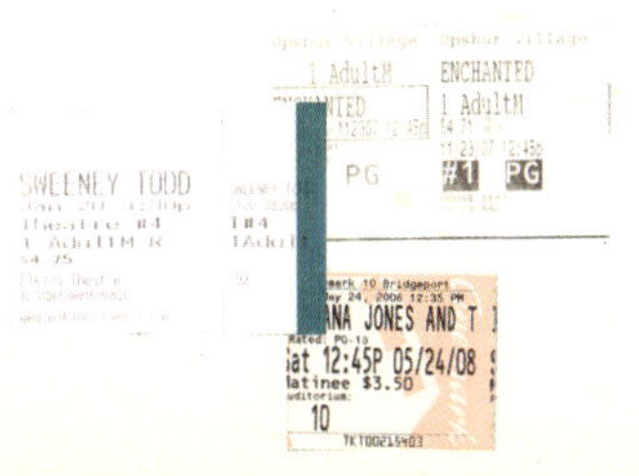

3장

이까 & 나스까
ICA & NASCA

잉카의 풀리지 않는 수수께끼 이까의 사막에 도착한다.
사막 한가운데에 마르지 않는다는 오아시스가 있다.
우아까치나라는 작은 마을이 형성되어 있는 오아시스다.
잎이 풍성한 야자수들과 작은 호수,
그 잔잔한 호수 위에 띄워져 있는 작은 배, 낭만적이다.

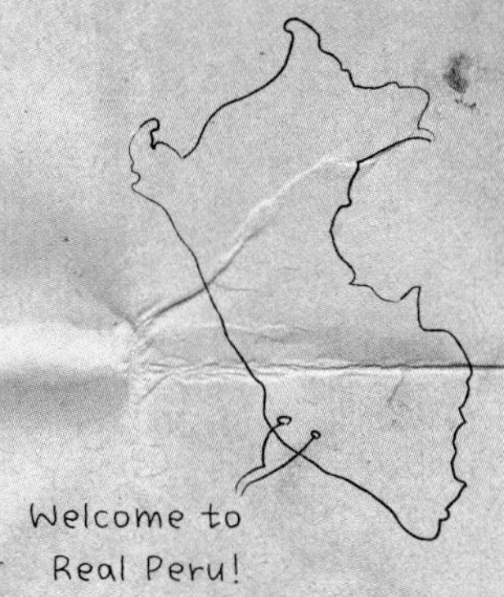

:: 작은 갈라파고스
바예스따 섬

리마에서 출발한 버스를 타고, 길게 뻗은 빤 아메리까나Pan Americana 고속도로를 달린다. 사막의 오아시스로 불리는 이까는 해발 406m 지점, 태평양에서 약 48km, 수도 리마에서 남동쪽으로 275km 떨어진 이까 강 유역에 위치하고 있다. 이 강에서 나는 물로 관개수로가 연결된다. 꼰떼데니에바 도시가 1569년 지진으로 파괴된 후, 지금의 이까가 있는 곳으로 옮겨졌으며 1640년 필리프 4세의 칙명으로 싼 헤로니모 데 이까San Jeronimo de Ica로 개명되었다. 주로 포도와 목화를 오랫동안 재배·가공해 온 지역으로 많이 알려진 곳이다.

고속도로 옆으로는 끝이 보이지 않는 사막이 드넓게 펼쳐진다. 사막 중간에는 사람이 살까 싶을 정도로 허름한 움막들이 마을을 이루고 있다. 페루에서도 가장 가난한 사람들이 사는, 물도 전기도 안 나오는 곳이다. 이 척박한 땅에도 주인은 있어 누군가의 영역임을 알리는 나무 막대가 곳곳에 세워져 있다. 아무것도 없는 이 거친 땅에서 전기는 그렇다 치고 물은 어떻게 얻을까. 이들은 무엇을 하며 살까, 먹을거리는 어떻게 조달을 할까 등을 생각하다가 결국 인간이란 정말 대단한 적응력을 가진 동물이라는 결론에 이른다.

∧ 깐델라브로 지상화 ∨ 바예스따 섬

버스는 사막의 작은 마을마다 멈춰 선다. 승객이 내리고자 하는 곳, 누군가 탈 사람이 있는 곳이 바로 정류장이 된다. 빨리 달리면 두세 시간이면 갈 수 있는 거리를 무려 다섯 시간이나 걸려서 가야 하니, 여행객으로서는 답답하기 그지없지만 사막에 사는 사람들에게는 이것이 유일한 교통수단이니 불평조차 할 수 없다. 완행 고속버스는 해가 다 져서야 이까에 도착한다.

작은 갈라파고스라고 불리는 일명 물개 섬인 바예스따 섬Isla Ballesta에 가기 위해 아침 식사를 서두른다. 밤새 열기가 식어 버린 탓인지 사막의 아침이 차갑다. 선착장이 있는 빠라까스Paracas 반도의 작은 도시 삐스꼬Pisco는 각지에서 온 관광객들로 분주하다. 이른 시간임에도 기념품 상점과 식당 주변에서는 거리의 악사들이 맑은 화음으로 여행객들을 반긴다. 오후에는 파도가 높아져서 배를 띄우기 어려워 섬 투어 일정이 대부분 오전에 몰려 있는 탓에 사람들도 함께 몰린다.

뭘까? 참 신기하게도 생겼다. 배가 출발한 지 얼마 되지 않아 빠라까스 언덕 위로 거대한 지상화(땅에 그린 그림)가 눈에 들어온다. '깐델라브로Candelabro 촛대'라고 불리는 이 불가사의한 문양은 189m 길이에 폭은 70m나 된다. 선의 깊이가 1m, 폭이 4m에 이르는 지상화로 염도가 높은 안개의 영향으로 굳어져 없어지지 않고 남아 있다. 2km나 떨어진 곳에서도 보인다는 이 그림은 500년 전 스페인 군대가 그렸다는 설도 있고, 나스까와 마찬가지로 잉카 시대 이전에 그려졌다는 설도 있다. 현대 과학으로도 풀지 못하는 신비로움을 담아내기 위해 카메라가 찰칵찰칵 소리를 내며 바쁘게 움직인다.

'깐델라브로'를 뒤로하고 보트는 수면을 스치듯 날아가는 새들과 함께 거친 파도를 넘는다. 이십여 분을 달리자 바예스따 섬이 제 모습을 드러낸다. 섬 가까이에 이르자 커다란 아치와 동굴들이 곳곳에 보인다. 멋있다! 섬 전체가 커다란 바위처럼 보이는 바예스따 섬은 자연의 손길로 빚어낸 예술품이다. 곳곳에 보이는 동굴들 속에서는 물개류에 속하는 오따리아Otaria들이 엄청난 무리를 이루며 살아간다. 동굴 앞 긴 자갈 해변은 파도를 타고 놀던 바다사자들이 일광욕을 즐기듯 몸을 말리는 곳이다. 섬을 둘러싸고 있는 바위 위에서는 물놀이에 지친 어린 바다사자가 어미와 함께 햇볕을 즐긴다. 평화로운 아기 바다사자의 모습에 "께 린도Que lindo 너무 귀엽다!"하는 여행객들의 탄성이 쏟아진다.

이런! 펭귄이다. 남극에만 사는 줄 알았던 펭귄이 바위 사이를 아장아장 걸어 다닌다. 신기하고, 귀엽다. '핑귀노 뻬께누Pingüino Pequeño 작은 펭귄'라고 불리는 이곳의 펭귄은 멀리서 보면 바닷새와 구분이 되지 않을 정도로 작다. 왜 이곳을 리틀 갈라파고스라고 부르는지 이해가 간다. 귀여운 펭귄 아래로는 잠수부의 물질이 한창이다. 이곳은 불가사리와 조개들을 잡아 올리는 이들의 일터다.

바예스따 섬을 뒤덮은 많은 새

바다 위에서 일광욕을 즐기는 오따리아 가족

잠수부들이 건져 올린 것들은 삐스꼬 사람들의 정성스러운 손을 거쳐 세상에서 하나뿐인 귀걸이와 목걸이가 되어 관광객들을 유혹한다.

관광객 대부분이 바다사자나 펭귄을 보기 위해 바예스따 섬을 찾지만, 정작 이곳의 주인은 바닷새인 것 같다. 그 종류와 수를 헤아릴 수 없는 바닷새들! 갈매기에서부터 이름도 알지 못하는 새들과 붉고 기다란 주둥이를 가진 펠리컨까지 정말 다양한 새들이 하늘과 땅, 공간이 되는 곳이면 어디든지 가득하다. 파란 하늘이 온갖 새들로 인해 까맣게 물들고 새들의 배설물 때문에 섬 곳곳이 하얗다.

바예스따 섬 투어는 보트에 앉아 섬을 한 바퀴 둘러보는 것으로 끝난다. 아쉽다! 너무 짧은 여행에 대한 아쉬움을 달래주기라도 하듯 돌고래가 다가와 길동무가 되어 준다.

:: 흥미진진함에 취하는
사막 여행

이까의 사막에 도착한다. 사막 한가운데에 마르지 않는다는 오아시스가 있다. 우아까치나Huacachina라는 작은 마을이 형성되어 있는 오아시스다. 잎이 풍성한 야자수들과 작은 호수, 그 위에 띄워져 있는 작은 배, 모든 것이 낭만적이다. 이까의 사막은 이 우아까치나 호수Laguna de Huacachina를 경계로 인간이 살 수 있는 땅과 메마른 죽음의 땅으로 나뉜다. 우아까치나를 둘러싸고 있는 높은 모래언덕을 넘어서자 한없이 고요한 모래바다가 드넓게 펼쳐진다. 시원하다! 이까 사람들이 '울고 있는 여자Mujer que Hace Llorar'라고 부르는 바람이 사막 저 깊은 곳에서 불어와 몸의 열기를 잠시 식혀 준다.

우아까치나를 찾는 사람들은 이 고요한 바다 사막을 가장 거친 방법으로 즐긴다. 나도 그 거친 놀이에 동참하며 사륜구동 지프를 개조해 만든 부기Buggi에 오른다. 조금은 위험해 보인다.

방방! 부기는 폭탄이 터지는 것 같이 요란한 소리를 내며 언덕을 오른다. 그러고는 50도 가까운 경사를 떨어지듯 내려가더니 다시 하늘을 향해 솟아오른다. 자연이 만든 널따란 놀이동산에서 부기라는 롤러코스터를 타고 있는 기분이다. 롤러코스터는 레일이라도 있건만, 부기가 가는 길은 운전사 마음이다. 모래언덕 너머에 벼랑이라도 있을 것 같은 두려움, 금방이라도 모래 계곡 아래로 굴러 떨어질 것 같은 공포가 온 몸에 퍼진다. "노! 노! 노!" 사람들의 비명 소리가 엔진 소리보다 크다. 어찌나 긴장이 되던지 손은 땀으로 범벅이 되고 마치 마비된 것처럼 움직이기가 힘들다. 안전벨트를 움켜쥔 손이 미끈거릴 때쯤에서야 부기는 모래언덕에 멈춘다. 휴~ 살았구나. 다행이다. 다리

가 여전히 후들거린다. 온몸에 있는 기운은 이미 빠져나간 지 오래다. 차라리 저 사막을 걸어서 돌아가고 싶은 심정이다. 그러나 짜릿하다! 스릴 하나는 만점이다.

다른 사람들은 또 다른 모험을 준비하느라 분주하다. 사막에서 타는 보드인 산보르니Sanbory를 즐기기 위해 보드 바닥에 왁스를 칠하고 스키장 정상에 서듯 모래언덕에 선다. 보드를 잘 타는 사람들은 한껏 폼을 잡고 사막의 바람을 가르며 시원하게 내려온다. 처음 타는 사람은 눈썰매라도 타는 것처럼 보드에 엎드려 모래 골짜기를 향해 질주한다. 사람들의 환호성이 연이어 퍼지며 고요한 사막을 깨운다.

부기의 거친 떨림이 채 사라지기도 전에 먼지가 폴폴 나는 시골길을 따라 삐스꼬 주조장이 있는 산 후안 바우띠스따San Juan Bautista에 도착한다. 이곳에서 가장 오래된 라쏘Lazo 주조장에 들어서니 술 익는 냄새가 진동한다. 냄새만으로도 취기가 오를 지경이다. 주조장 직원은 맛을 보라며 까치나Cachina라는 술을 따라 준다. 까치나는 포도주 이전 단계의 술로 이곳 사람들은 '젊은 포도주Vino Joven'라고 부르는데 잘 익은 포도주보다 거칠고 단맛이 많이 난다.

페루를 대표하는 술인 삐스꼬는 이 까치나를 증류해 숙성시킨 것이다. 삐스꼬는 알코올 30~60도 정도의 독주기 때문에 계란 흰자와 레몬즙, 그리고 설탕과 얼음을 원액에 섞어 삐스꼬 샤워Pisco Sour라는 칵테일로 만들어 마신다. 맛을 한번 볼까! 매우 달콤해 맛만 본다는 것이 어느새 연거푸 서너 잔을 들이켠다. 도수가 높아서 얼굴이 금방 화끈거린다. 바람이라도 쐬려고 주조장을 나서니 사막의 태양이 온몸에 내리쬔다. 그러나 주조장 아저씨의 후한 인심 탓인지, 아니면 취기 때문인지 사막의 뜨거움조차 따스하게 느껴진다.

창밖을 스치는 바람에 삐스꼬 샤워의 열기를 날리며 '마녀Bruja의 마을'을 찾아 외딴 시골마을 까치체Cachiche로 향한다. 우당탕탕 소리를 내며 비포장도로를 달리던 택시는 작은 박물관 앞에 나를 내려놓는다. 박물관이라고 부르기에는

^ ^ 까치나를 만드는 전통 방식의 흙독   ^ 라쏘 주조장의 오래된 술독

다소 궁색하다. 초라한 마녀 박물관에 전시되어 있는 것은 그림 몇 개와 낡은 인형으로 만들어 놓은 마녀의 형상이 전부다. 박물관 앞에 있는 마녀의 조각 상도 군데군데 칠이 벗겨져 흉한 모습이라, 굳이 설명을 하지 않아도 마녀라는 것이 느껴질 정도다.

허름한 곳이긴 해도 마녀 박물관은 이 마을의 슬픈 역사를 담고 있는 유일한 곳이다. 스페인 침략자들은 이곳을 점령하며 개종이라는 미명하에 원주민 주술사들을 모두 처형했다. 당시에 주술사는 종교적 존재이자 마을의 유일한

∧ 기괴한 모양의 나무. 마녀의 저주로 생겼다고 한다.
∨ 기괴한 모양의 나무를 설명하는 아이

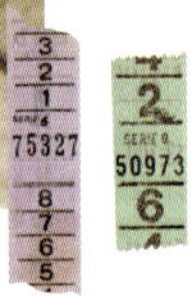

의사였지만, 정복자의 눈에는 마녀일 뿐이었다. 그
후 수백 년이 지난 후에야 한 개인이 이 작은 박물관을
세웠고, 사라질 뻔한 이곳의 이야기도 전해질 수 있게
되었다.

마녀 조각상을 뒤로하고 마을 안쪽에 들어서니 기괴한
모양의 나무가 나타난다. 거대한 뱀이 땅 위에서 꿈틀
거리는 듯한 모양새다. 마녀의 저주로 생겼다는 이 야
자수는 다섯 그루의 나무가 한 뿌리에서 자라고 있다.
세상 어디에서도 볼 수 없는 신기한 나무를 향해 카메
라를 들이대고 있는데 예닐곱 살쯤 되어 보이는 아이
가 다가와 가이드를 자청한다. 연방 콧물을 훌쩍거리는 이 작은 아이가 무슨
이야기를 할까 궁금해 아이의 설명을 들어 보기로 한다.
뜻밖에도 어린 가이드의 말솜씨는 제법 유창하다. 아이는 단어 하나하나를
또박또박 말하기 위해 애를 쓰면서 나무와 내 얼굴을 번갈아 바라보며 긴 이
야기를 풀어 놓는다. 쁘로삐나(팁)를 받을 때까지 설명이 계속될 것이라고 생
각한 택시 기사 미겔Miguel이 아이에게 50쎈따보Centabo, 1쏠의 1/2을 건넨다.
그러나 아이는 내 얼굴만 빤히 바라보며 머뭇거린다. 자신의 설명을 열심히
들었으니 쁘로삐나를 줄 거라고 기대하는 눈치다.
주머니를 뒤져 5쏠을 주자 아이는 저만치 가서는 폴짝폴짝 뛰며 집으로 달려
간다. 미겔은 5쏠이면 아이가 일주일 동안에도 벌기 힘든 큰돈이라며 "저 아
이는 지금 굉장히 행복할 것"이라고 한다. 2천 원도 채 되지 않는 돈에 즐거
워하며 깡충깡충 뛰어가는 아이의 뒷모습을 보니 마음이 짠해진다. 한국에서
2천 원이면 요즘 아이들에게는 관심조차 끌기 어려운 금액인데 그 적은 돈으
로도 이렇게 행복해 하는 사람이 있다니! 여행이란 것이 즐겁기만 하면 좋으
련만, 도시를 다니면서 마주하는 가슴 아픈 현실에 마음이 무거워진다.

:: 땅을 캔버스 삼아 그린
나스까 지상화

나스까 지상화(땅에 그린 그림) 비행은 페루 여행의 기본 코스 중 하나로 알려져 있지만 사진이나 TV를 통해 수차례 본 터라 큰 매력을 느끼지는 못했다. 그러나 참새가 방앗간을 그저 지나랴. 이웃 도시인 이까에 머무는 동안 그래도 눈으로 직접 보는 것도 나쁘지 않겠다는 생각이 들어 마음이 변했고 결국 나스까 공항까지 가고야 만다. 사진이나 TV로 보는 것 보다는 현장감이 주는 감동과 즐거움이 바로 여행의 묘미 아니겠는가!

이른 시간일수록 나스까 지상화를 잘 볼 수 있다는 말에 첫 비행기를 예약해 두었다. 그러나 서둘러 온 공항의 하늘에는 낮게 깔린 안개구름이 자욱하고 여행객들은 구름이 물러가기만을 기다리고 있다. 몇 번이나 비가 앞길을 막더니 이젠 안개구름까지! 작은 공항을 가득 메운 여행객들은 몇 시간을 기다려야 할지 모르는 지루함 속에서 회색빛 하늘을 원망하며 모닝 커피만 축낸다.

그렇게 아무것도 하지 않은 채 하늘만 바라보며 기다리기를 서너 시간. 경비행기들은 한낮이 다 돼서야 이륙 준비를 하더니 5분에 한 대꼴로 바쁘게 공항을 벗어난다. 꼬리에 꼬리를 무는 이륙 장면이 무척이나 위험해 보인다.

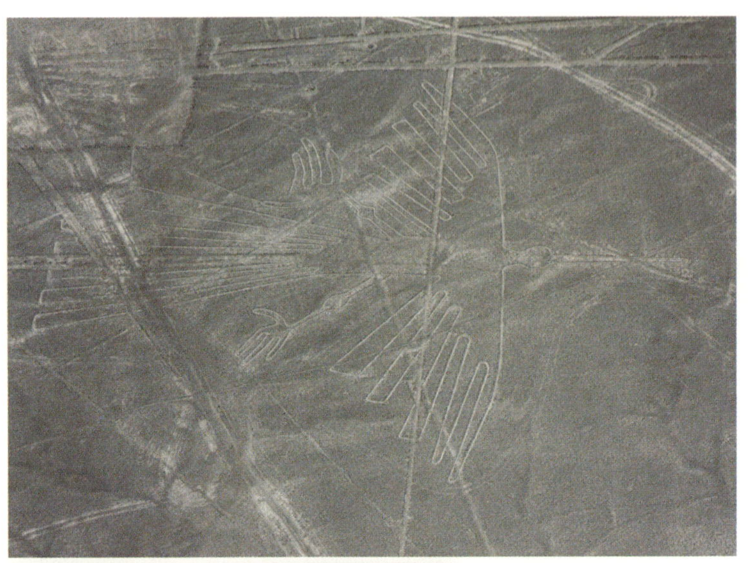

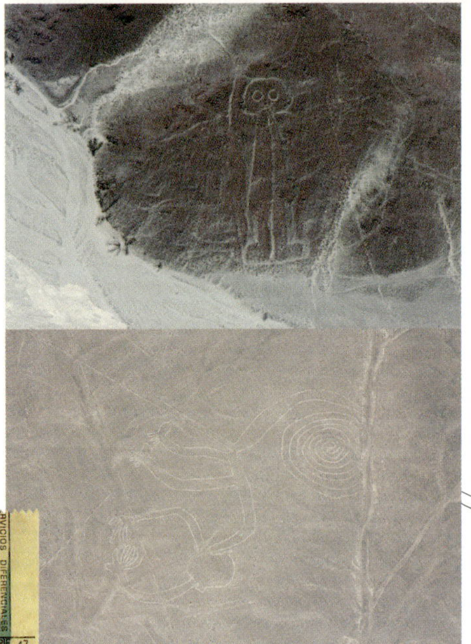

∧ 날개의 길이가 130m에 달하는
　꼰도르 지상화
< 산비탈에 그려진 외계인 형상의 지상화
∨ 원숭이 형상의 지상화

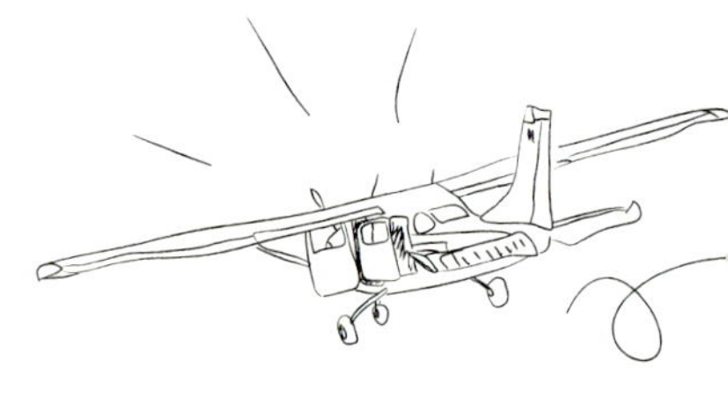

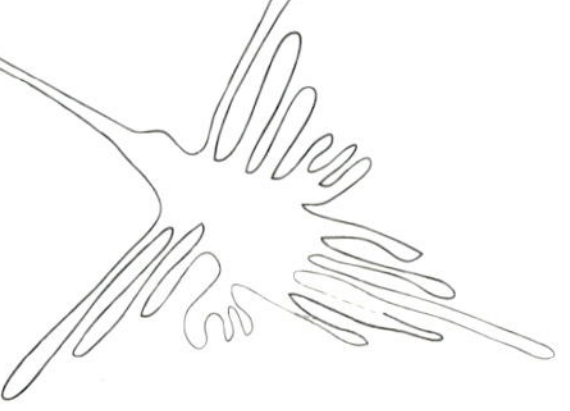

밀려드는 관광객을 다 소화하려는 욕심은 사고를 초래하기도 한다. 지난해에는 가장 오래된 항공사인 꼰도르 항공사Aero Condor의 경비행기가 공중에서 충돌하는 사고가 있었고, 올해도 활주로에서 사고가 났었다고 한다.

불안한 마음에 그나마 새 비행기를 운용한다는 아에로 빠라까스 항공사Aero Paracas의 비행기를 예약했다. 하지만 막상 기내에 앉으니 '새것'의 흔적이라고는 보이지 않는다. '이게 새 비행기라고?' 어느새 설렘은 사라지고 두려움이 엄습한다. 비행기 사고에 대한 이야기만 듣지 않았어도 덜할 텐데 한 번 시작된 두려움은 가실 줄 모른다. 무사히 돌아올 수 있을까 하는 걱정 속에 비행기는 활주로를 벗어난다.

항공사 직원에게 부탁해 사진 찍기에 가장 좋다는 조종사 옆자리를 차지했지만, 아뿔싸! 뒤늦게야 이곳이 최악의 자리라는 것을 깨닫는다. 엔진의 역한 기름 냄새가 바로 코앞에서 풍기고 먼저 출발한 비행기가 눈앞에서 날고 있는 장면은 소름이 돋을 만큼 아찔하다.

나스까 지상화가 모여 있는 상공에 이르자 활주로처럼 생긴 거대한 삼각형 Trapecios 문양이 눈에 들어온다. 그리고 이내 외계인Astronauta, 원숭이Mono, 벌새 Colibri 문양의 지상화가 연이어 나타난다.

양쪽 창가에 앉은 승객을 모두 배려한 비행은 지상화 하나하나를 지날 때마다 곡예를 하듯 좌우로 급선회한다. 게다가 작은 기류에도 민감하게 반응하는 경비행기는 연신 롤러코스터 흉내를 내듯 곡예비행을 한다. 그 와중에 조종사는 조종대에서 손을 뗀 채 승객들에게 지도를 펼쳐 보이며 지상화를 설명한다. 비행기는 흔들리고 거기에 기름 냄새와 불안한 마음까지 더해져 속이 울렁거린다. 지독한 멀미 때문에 날개 아래로 펼쳐진 지상화는 더 이상 눈에 들어오지 않고 일분일초가 한없이 길게만 느껴진다.

움켜쥔 손에 땀이 흥건해지고, 다리에 기운이 풀릴 때쯤에야 세상에서 가장 긴 이십여 분의 비행이 끝난다. 도망치듯이 비행기에서 뛰쳐나와 매점으로

달려간다. 냉수로 속을 달래고 맑은 공기를 한껏 들이 마시고 나서야 긴장이
다소 풀린다. 인류 역사상 가장 커다란 예술품인 지상화를 보려던 기대는 멀
미 때문에 엉망이 되고 말았다. 게다가 경비행기의 작은 창으로 내려다본 지
상화는 너무나 먼 곳에 있었고 강한 햇살 때문에 선명하게 보이지도 않았다.
지상화를 다룬 다큐멘터리나 잘 인쇄된 가이드북
을 보는 편이 차라리 나을지 모른다.
허망하다! 애초에 큰 기대는 안 했지만 그래
도 이 불가사의한 지상화를 보기 위해 여기까
지 왔는데 실망이 제법 크다. 오기가 발동한
다. 이렇게 순순히 물러나는 것이 왠지 억울하
다. 그래서 직접 지상화를 찾아 나서기로 하고
택시를 잡는다. 기사 마누엘Manuel에게 사정을
이야기하니 전망대에 데려다 주겠다고 한다.
나스까 시내를 벗어난 택시는 빤 아메리까
나 고속도로로 접어든다. 지상화는 빤 아
메리까나 고속도로 좌우에 펼쳐진 황량
한 대지 어딘가에 있을 것이다. 10여
분을 달린 택시는 산이라고 하기에
는 너무 작은 언덕 앞에 멈춰 선
다. 그 어떤 안내문도 인적도 없는

텅 빈 곳이지만, 마누엘은 '땅 위에서 지상화를 볼 수 있는 곳은 이 언덕과 전망대가 전부'라고 알려 준다.

언덕으로 향하는 길은 대지에 얇게 덮여 있는 검은 흙을 걷어내 그림을 그리듯 만든 것으로, 나스까 지상화의 원리와 같은 방식이다. 언덕에 오르니 탁 트인, 그러나 숨 막힐 듯 메마른 나스까의 황무지가 펼쳐진다. 그리고 정체를 알 수 없는 선들이 황무지를 가로지르며 이곳저곳을 향해 뻗어 있다.

그러나 너무 낮은 언덕이다. 이곳에서 볼 수 있는 것은 수수께끼인 선들이 전부. 또 한 번 실망하는 마음을 달래며 전망대에 도착한다. 10m 높이의 전망대는 지상화 연구가인 마리아 라이헤Maria Reiche가 세운 것이다. 독일의 수학자였던 라이헤는 지상화 연구의 1세대라 할 수 있는 폴 꼬삭Paul Kosok의 제자로, 1940년부터 1998년까지 생의 전부를 지상화 연구에 바쳤다. 라이헤는 이 지상화가 나스까 사람들의 달력이었다고 풀이했다. 선은 태양·달·별의 궤도를, 그림은 나스까 문화의 신이었던 성좌를 뜻한다고 했다.

나스까 지상화의 중앙 부분에 세워진 라이헤의 전망대에서 볼 수 있는 것은 손Mano과 나무Arbol 문양이다. 하지만 일부만을 선명하게 볼 수 있을 뿐 전체적인 모습을 보기에 전망대의 높이는 낮고 지상화는 너무 크다. 한 평도 안되는 망루 위에서 이리저리 자리를 옮겨보지만 한두 발자국 움직인다고 저 큰 지상화가 다시 보일 리 없다. 다시 한 번 지상화의 크기를 실감한다.

전망대에 올랐어도 허전함은 좀처럼 채워지지 않지만 더 이상 나스까의 지상화

를 볼 방법은 없다. 터덜터덜 택시에 올라 나스까로 돌아간다. 그런데 좀 전에 오른 언덕을 지나자 작은 산 하나가 나온다. 이름도 길도 없는 산. 그러나 저 산의 정상에 서면 나스까 지상화를 볼 수 있을 것만 같은 느낌이 든다. 마누엘에게 부탁해 고속도로 변에 차를 세우고 산을 오른다. 날카로운 바위산에는 풀 한 포기 보이지 않는다. 서너 차례 내리는 안개비를 제외하고는 일년 내내 뜨거운 태양만 내리쬐니 무엇 하나 자라기 어려울 것이다.

땀방울이 등줄기를 타고 흐르는 동안 고개 하나를 넘어 더 높은 봉우리에 오른다. 고생한 보람이 있는 것일까? 뜻하지 않은 곳에서 지상화를 보게 될 줄이야! 사방으로 뻗어 있는 선들, 그리고 발아래 펼쳐진 삼각형 문양의 지상화. 하늘에서 본 것과 흡사하다. 활주로처럼 생긴 거대한 삼각형은 나스까를 둘러싼 산을 향해 뻗어 있고, 그 주변에는 가는 선들이 거미줄처럼 얽혀 어딘가를 향하고 있다.

나스까의 황무지에는 이러한 정체불명의 선들이 삼백 개도 더 있고, 지상화의 수는 삼십여 개에 달한다. 크기는 10m에서 300m에 이르는 것까지 다양하다. 이 수수께끼의 지상화는 누가 그렸을까? 기원전 900년경부터 기원후 900년경까지 나스까는 하나의 문명을 이루고 있었다. 이 당시 나스까는 신전 대신 성지 건설의 장이 되어, 6세기경까지 팜파스와 인헤니오 사막 위에 거대한 직선, 삼각형, 동물, 곤충 등의 모양이 땅 위에 새겨졌다고 한다. 땅에 홈을 파서 그린 지상화는 농경과 관련한 시기를 나타내는 달력이었다는 설, 주술적 의미를 지닌 문양이라는 설, 기원전부터 900년경까지 이곳에 살던 원주민이 그렸다는 설이 있다. 또한 불에 탄 토기 파편들이 널려져 있다는 점을 들어 열기구 이용 흔적설, 빠라까스 토기의 문양과 기이한 미라에서 힌트를 얻어 발표된 조인(鳥人)설 등 의견이 분분하다. 심지어 지상화는 외계인이 그렸으며 무수한 선들은 활주로였다고 주장하는 사람도 있다.

지상화의 존재는 이 지역 비행사들에게는 익히 오래전부터 알려져 있었지만

가까이서 본 지상화

세계적으로 알려진 것은 1939년 폴 꼬삭에 의해서다. 그러나 이 지상화도 한 때 사라질 위기에 처한 적이 있었다. 지상화의 중요성을 느끼지 못했던 것일 까? 폴 꼬삭이 지상화를 발견하기 전, 이미 이 지역에서는 빤 아메리까나 고속도로와 몇 개의 도로가 지상화의 일부를 통과하여 건설되고 있었다. 지상화가 지금까지 유지될 수 있었던 데는 여러 사람의 노력 덕분이었다.

이 텅 빈 황무지에 그려진 지상화의 숨겨진 비밀은 무엇일까? 지금까지 확인된 사실은 대평원인 팜파스를 뒤덮고 있는 검은 돌과 모래를 긁어내 하얀 그림을 그렸다는 것, 비가 거의 내리지 않는 기후 때문에 아직까지 그 그림의 형태가 남아 있을 수 있었다는 것뿐이다. 21세기 현대 과학으로도 풀지 못하는 수수께끼의 한복판에 앉아 나는 조용히 과거 여행을 떠나 본다.

:: 잉카 후예들의 터전
빠레도네스 유적

나스까 비행만 마치고 곧장 아레끼빠_{Arequipa}에 가려 했지만, 비행기 출발 시간이 연기되면서 스케줄이 꼬여 버렸다. 시간이 어중간하니 밤차를 타기로 마음먹고 마누엘과 함께 나스까 주변을 둘러보는 것으로 계획을 바꾼다.

먼저 나스까 시대에 공동묘지였다는 챠우치야 묘지터_{Cementerio de Chauchilla}, 일명 '나스까의 묘'라고 불리는 곳에 가 보기로 한다. 택시는 빤 아메리까나 고속도로를 벗어나 비포장도로에 들어선다. 비라고는 내린 적이 없을 것 같은 땅에서는 먼지가 안개처럼 일어나고, 지독한 태양의 열기는 에어컨도 작동하지 않는 낡은 택시를 더 뜨겁게 달군다.

이윽고 택시가 묘지터 입구에 선다. 주변에는 햇빛을 가리기 위한 천막 같은 것만 몇 개 보일 뿐 묘지의 흔적이라고는 찾아볼 수 없는 황량한 사막이다. 뭘 어쩌란 건지! 마누엘은 무엇을 봐야 할지 막막해 하는 나를 이끌고 가더니 가까운 땅을 가리킨다.

마누엘의 손가락 끝을 따라가니 차마 사람의 뼛조각이라고 보기 어려운 유골들이 노천에 널려 있다. '초라하다'는 표현조차 호사스러울 정도로 형태조차 남아 있지 않은 무덤의 주인은 신분이 낮은 사람들이었다고 하는데 이들의 무덤은 사방 1km에 걸쳐 흩어져 있다.

반면, 귀족들은 작은 방처럼 만들어진 석관에 담겨 땅속에 묻혔다. 귀족들의 무덤은 신분이 높을수록 그 규모를 달리했다. 토기와 직물, 말린 곡식, 사막에서 생존을 상징하는 소금 등이 함께 매장되었다. 서민들의 묘가 온전히 남아 있지 않은 것처럼 귀족들의 묘라고 고스란히 남아 있는 것은 아니다. 챠우

치야 묘지터를 이렇게 만든 범인은 바로 도굴꾼들! 아름답기로 유명한 나스까의 토기와 직물들은 수집가들에게 높은 가격으로 팔 수 있기 때문에 도굴이 성행했고 지금은 얼마 되지 않는 부장물만 남아 있다. 생전에 가난했든 부자였든 이들은 부도덕한 후세, 금욕에 눈이 먼 사람들로 인해 수 세기가 지난 지금도 편히 눈감지 못할 것 같다. 사막인지 묘지인지 구분하기조차 어려워진 챠우치야 묘지터를 나와 잉카의 유적 빠레도네스Ruinas de las Paredones로 향한다. 나스까에 잉카 문명이 들어온 것은 대략 15세기 중반경이다. 역사서마다 조금씩 차이는 있으나, 나스까 문명 시기를 기원후 250년~750년이라고 한 학설과 비교해도 잉카 문명과 나스까 문명 사이에는 700년 정도의 공백이 존재한다. 나스까 지상화에 대한 해독이 불가능한 것처럼 사라져 버린 나스까 문

보존 상태가 그나마 양호한 귀족의 묘

명, 그리고 잉카 문명이 등장하기까지의 긴 세월 역시 신비에 싸여 있다.

나스까 외곽 도로 주변에 있는 빠레도네스는 '유적'이라는 말이 무색할 정도로 방치되어 있다. 입장권을 판매하는 곳은 문이 닫혀 있고 찾아오는 방문객도 드물다. 이곳은 잉카인들의 장터였다고 한다. 잉카의 수도인 꾸스꼬를 오가던 전령 챠스키Chaskiy의 숙소까지 이곳에 있었다는 것을 보면 제법 큰 규모였을 것이다.

낮은 산 중턱까지 이어진 빠레도네스의 옛길을 따라 걸어 보지만 사방으로 보이는 것은 다 허물어진 흙벽돌뿐, 성한 곳을 찾아보기 힘들다. 유독 지진이 많이 일어나는 이 지역의 환경 때문일까, 소중한 것을 제대로 지켜내지 못하는 후손들의 부족함 때문일까. 시에서 세워 놓은 안내판만이 이곳이 잉카의 유적임을 말해 주고 있을 뿐이다. 그 찬란했던 문명을, 이 소중한 문화유산을 이렇게 허술하게 관리하고 있다는 것이 좀처럼 이해되지 않는다.

허물어진 유적에 놀람과 안타까움이 동시에 밀려온다.

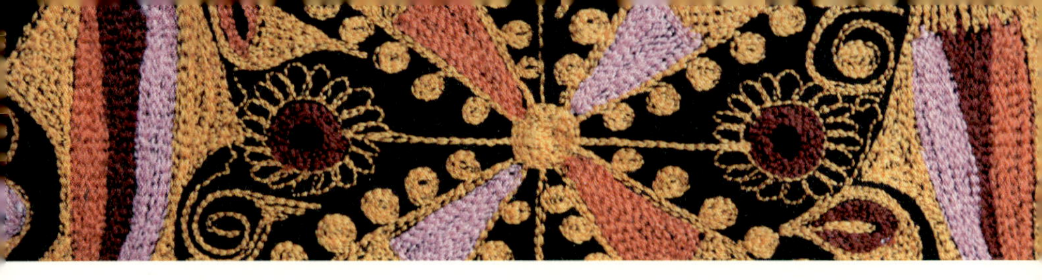

이어 찾아간 곳은 아쿠에둑또Los Acueductos de Cantayoc! 나선형으로 땅을 파서 만든 아쿠에둑또는 멀리 떨어져 있는 산에서 지하로 수로를 내고 그것을 통해 나스까까지 물을 끌어들이는 역할을 했다고 한다. 비가 거의 내리지 않는 나스까 사막의 유일한 샘이며 잉카 시대의 우물이었다. 그러나 페루인들에게는 시골집 앞마당에 있는 우물처럼 느껴지는 모양이다. 유적 바로 옆에는 민예품 상점이 있고, 상인은 아쿠에둑또의 물을 한 바가지 떠다 땅에 뿌리며 흙먼지를 가라앉힌다. 마누엘도 스스럼없이 유적지로 들어가 물을 떠 마시고는 내게 건넨다. 옛 사찰을 찾아 그곳의 약수를 마시는 느낌이다.

'방치되었다'고 여기는 것. 어쩌면 이는 '관광지'를 찾아온 관광객의 고정관념 때문인지도 모르겠다. 이들에게 유적은 할머니의 할머니가 살았던 삶의 터전일 뿐이고, 자신들 역시 조상들이 살아온 삶의 방식으로 이곳을 지켜가고 있는 것이 아닐까 하는 생각이 스친다. 삶 속에 함께 공존하는 유적이 어쩌면 진정한 유적이고 그렇기 때문에 그 가치가 더 빛날 수 있는 것은 아닐까?

때마침 마누엘이 잉카 시대 토기를 재현해 만드는 친구가 있으니 가 보자고 제의한다. 화려하면서도 빛바랜 색을 품고 있는 잉카의 토기들, 그 모습이 궁금해 마누엘을 따라나선다. 마누엘과 도착한 곳은 '차부까Chabuca'라는 이름의 작은 공방. 민예품 상점을 겸한 전시실 뒤편 마당은 차부까의 주인 페르난도Fernado의 작업실이다. 마당으로 나를 불러들인 페르난도는 잉카의 토기가 어

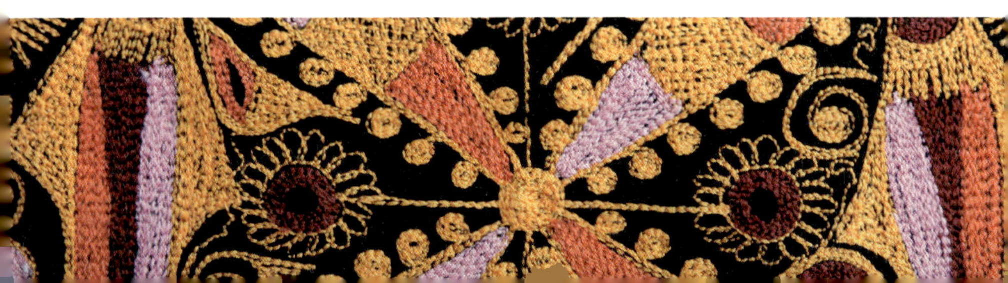

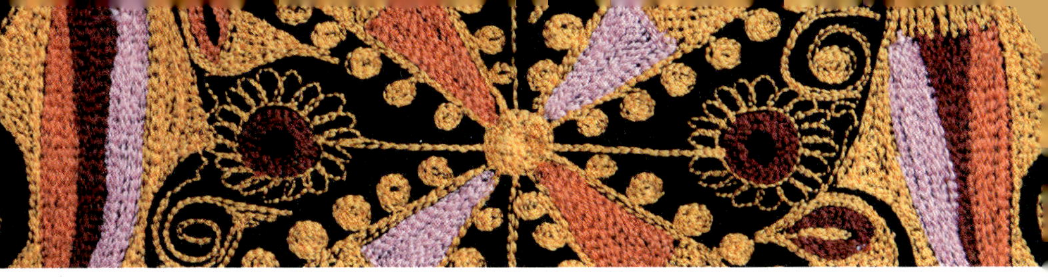

떻게 만들어지는지 보여 주겠다며 분주히 손을 놀린다.

페르난도는 미술 시간에 찰흙놀이를 하듯 동그란 토기 하나를 순식간에 뚝딱 만들어 낸다. 그리고 작은 돌을 보여주며 '이 돌을 갈아 물과 섞어서 물감처럼 쓰는 것'이라고 알려주고는 돌 가는 흉내를 낸다. 돌가루로 칠을 마친 토기를 뜨거운 화로에 구운 뒤 윤이 날 때까지 뼛조각 같은 것으로 계속 문지른다. 물감 성분이 돌가루기 때문에 칠은 벗겨지지 않고 마치 유약을 칠한 것처럼 반짝이게 된다. 그렇게 잉카의 토기가 완성된다.

페르난도의 상점에 전시된 것들 모두 잉카 방식을 그대로 재현해 만든 것이라고 한다. 페르난도는 민예품 상점을 운영하는 장사꾼이지만 잉카 방식으로 토기를 만드는 몇 안되는 '장인Artesano'이라고 자신을 소개한다. 나스까를 찾는 많은 사람들은 페르난도의 공방에 들러, 자연의 지혜를 통해 만들어지는 아름다운 잉카의 토기를 경험한다. 페르난도가 잇속에 밝은 장사꾼이든 진정한 전통문화의 수호자든 간에 이 장인의 손을 통해 잉카의 혼은 이어지고 있다는 것이다.

공방을 나서니 어느새 하루해가 저물어 간다. 이제 작별할 시간. 우연히 만나 가이드가 되어 주고 잉카 토기를 경험할 수 있는 공방까지 소개해 준 마누엘과도 아쉬운 작별의 인사를 나눈다. 오랜 친구와 헤어진 것처럼 쓸쓸한 마음에 터미널 앞에 앉아 담배 한 대를 꺼내 문다.

∧ 잉카의 토기를 설명하는 페르난도 ∨ 잉카의 토기

지금 이 순간 페루

110

터미널 주변은 빵과 음료수를 파는 장사꾼들, 어디론가 떠나는 사람들, 어디에선가 돌아오는 사람들, 승객을 기다리는 택시 기사, 관광객을 기다리는 여행사의 호객꾼들로 여전히 분주하다. 이까의 사막에서 만난 페루인 노부부가 나스까에는 소매치기가 많으니 주의하라고 한 말이 떠올라 바짝 긴장하고 있는데 내 주위로 한두 사람씩 모여든다. '무슨 일이 있는 건 아니겠지?' 그들을 보자 긴장감은 더해진다.

슬금슬금 다가온 한 사람이 "어느 나라 사람입니까? 담배 한 개비 얻을 수 있습니까?" 하고 묻는다. '이 놈이 왜 이러나?' 속으로 긴장의 끈을 놓지 않은 채 태연한 척 담배를 건네자 "와! 한국 담배다!" 부산을 떤다. 곁에서 눈치를 보던 다른 이들까지 합세해 한 개비씩 얻어가고, 이 모습을 지켜보던 어떤 이는 "담배 한 개비에 1쏠"이라며 돈을 받으라고 농담을 한다. 어떤 이는 여행이 어떠했는지 묻기도 하고 다른 이는 어디 어디는 위험하니까 조심하라고 걱정까지 해 준다. 잠깐이나마 이런 그들을 경계하고 의심한 내 자신이 부끄러워진다.

이제, 모든 걱정일랑 나스까 사막에 묻어 버릴 것이다. 담배 한 개비를 얻기 위해 머뭇거리던 순박한 사람들을 소매치기로 경계한 오만한 여행. 이렇게 편견에 사로잡혀 있는 여행은 더 이상 하지 않으리라. 그리고 순박하고 착한 페루 사람들 속으로 더 깊숙이 빠져들어 가리라 마음먹는다.

이까의 돌이 무엇이기에 난리일까?

1966년, 페루의 한 농부가 가지고 있던, 특이한 모양의 물고기가 새겨져 있는 안삼암(화산암의 일종)에서 논란은 시작된다.

이 돌을 농부에게 선물받은 의사 카브레라는 돌에 새겨진 특이한 물고기 그림에 흥미를 가지고 자세히 살피던 중 놀라운 사실을 발견한다. 바로 돌에 새겨진 물고기가 수천 년 전에 멸종한 것으로 알려진 표본과 놀라울 정도로 일치한 것이다. 그리하여 카브레라 박사가 농부에게서 수집한 돌은 무려 15,000개 정도!

돌과 농부에 대한 소문이 퍼지자 영국 BBC와 페루 정부가 관심을 가졌고, 농부에게 출처를 추궁하게 된다. 고대 유물에 대한 관리가 엄격한 페루 정부의 추궁에 감옥에 갈까 두려워진 농부는 돌의 그림은 자신이 관광객에게 팔기 위해 새겨 넣었다고 고백한다. 이 말에 페루 정부는 사건을 종결하고, BBC도 촬영을 중단한다. 이까의 돌은 이렇게 하여 미처 대중들에게 알려지기도 전에 관심에서 멀어지는 듯 했지만 농부의 말에 몇 가지 의문을 품은 카브레라 박사는 포기하지 않고 연구를 하게 된다.

이까의 돌에는 고대 지구의 지도, 제왕절개 수술을 하는 그림, 심장이식 수술을 하는 그림 등이 새겨져 있다. 뇌수술을 하는 그림은 칼을 대고 있는 부분에서 구불구불한 뇌의 주름까지 묘사하고 있다. 망원경 같은 것으로 별자리를 살피는 그림, 공룡에 대한 묘사 등 참으로 다양한 그림이 새겨져 있다.

이까의 돌은 우리에게는 조금 생소하지만 세계적으로는 많은 주목을 받고 있는 나스까 시대의 신비로운 돌이다. 돌의 신비에 빠져들수록 페루의 나스까가 더 오묘하게 느껴질 것이다.

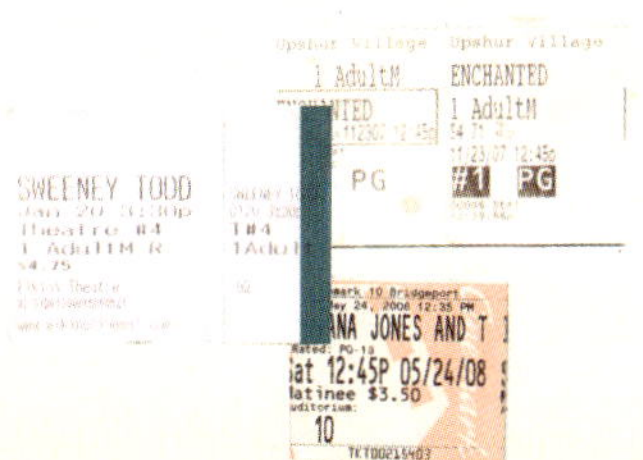

TAXI
TAXI

4장

아레끼빠
AREQUIPA

꼰도르깐끼의 부활을 기다리는 아레끼빠의 다른 이름은 '하얀 도시'다.
많은 중세 건물이 근교 화산 지대에서 나온
밝은색의 화산암으로 지어져 도시가 하얗게 보이기 때문이다.
또한 아레끼빠에는 페루의 내로라하는 지주들이
많이 살고 있어 호화롭고 멋진 건물도 즐비하다.
그래서 도시는 밝고 세련된 느낌이다.

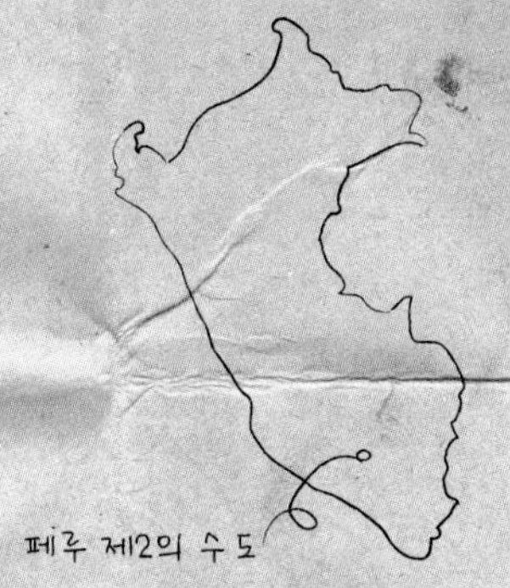

:: 사라진 만년설의
미스띠 산

잉카의 제4대 왕 마이따 까빡_{Mayta Cápac}이 '이곳에 머물겠다'는 의미의 께츄아_{Quechua}어 "아리 께빠이_{Ari Quepai}"라고 말한 것에서 유래한 페루 제2의 도시 아레끼빠.

잉카의 상징인 꼰도르_{Condor}를 볼 수 있는 꼴까 계곡_{Cañon del Colca}과 만년설로 뒤덮인 미스띠 산_{Volcan Misti}이 꾸스꼬로 향하던 발걸음을 돌려놓았다. 나스까를 출발한 심야 고속버스가 아홉 시간을 달려서야 아레끼빠에 도착한다. 새우잠을 자며 잔뜩 웅크리고 있던 몸을 펴며 터미널을 나선다.

앗! 티코다! 이제는 우리나라에서도 종적을 찾아보기 힘든 차가 이 먼 곳에서 도시를 누비고 있다. 노란 티코 택시들이 늘어서서 승객을 기다린다. 아레끼빠의 택시 기사들은 기름을 적게 먹기 때문에 "띠꼬_{Tico} 택시가 최고!"라며 엄지손가락을 세워 보인다. 택시뿐만 아니라 한국 기업에 대한 이미지도 상당히 좋다. 머나먼 땅 페루의 지방 도시에서도 우리나라 제품이 인정받고 있다는 사실에 마음이 뿌듯해진다.

아레끼빠의 다른 이름은 '하얀 도시'다. 많은 중세 건물이 근교 화산 지대에서 나온 밝은색의 화산암으로 지어져 도시 자체가 하얗게 보이기 때문이다. 또한 아레끼빠에는 페루의 내로라하는 지주들이 많이 살고 있어 호화롭고 멋진 건물이 즐비해 도시는 밝고 세련된 느낌이다.

TC CROMOTEX
Servicio Bus Cama
SALA DE EMBARQUE
DEPARTURE LOUNGE
TC CROMOTEX
Servicio Bus Cama y Economico
TEPSA
PUERTA DE EMBARQUE Nº 2
GATE Nº 2
SERVICIO DE USO DE TERRAPUERTO
COUNTER Nº 2
CUSCO
BUS CAMA
8.30 PM
SALA DE
ESPERA
EMBARQUE
BOARDING
EMBARQUE

28-1818
TURISMO LATINO S.A.
203232
¡Arequipa limpia y ordenada!
FH-3528
CF-2200

아르마스 광장은 아레끼빠 사람들의 활기와 웃음 소리로 가득하다.

이윽고 택시는 하얀 건물로 둘러싸인 아르마스 광장Plaza Armas에 들어선다. 휴일 아침, 아르마스 광장에는 활기와 따스함이 넘친다. 소풍 나온 가족들은 비둘기에게 모이를 주기도 하고 거리의 사진사를 불러 기념 촬영도 하며 행복한 한때를 보내고 있다.

광장 옆에는 웅장한 대성당이 버티고 서 있다. 지진이 잦은 탓에 고층 건물이 없기 때문에 대성당이 더욱 크고 웅장하게 다가온다. 운 좋게도 아레끼빠 대성당Catedral de Arequipa에서 세례식을 진행하고 있어서 들어가 본다. 인구의 90% 정도가 가톨릭 신자인 이들에게 세례식은 큰 의미를 갖는 행사다. 특히 이날은 열한 살이 되면 받는 첫 번째 세례식 날이라 성당은 가족과 친지들, 그리고 사진사들로 가득하다.

스테인드 글라스 같은 장식은 없지만 커다란 파이프 오르간 소리가 성당의 분위기를 엄숙하게 만든다. 순백의 드레스를 입고 화관을 쓴 여자 아이들과 하얀 정장을 멋지게 차려 입은 남자 아이들은 사뭇 진지한 표정으로 찬송을 하고 서약을 낭독하며 고사리 같은 두 손을 모아 기도한다. 그리고 차례로 연

< 아르마스 광장에서 바라본 대성당 ∧ 대성당에서 세례식을 거행하는 소녀들

단 앞으로 나가 신부가 주는 성찬을 받는다. 가족들은 행여 자기 아이의 중요한 의식을 놓칠세라 연방 카메라 플래시를 터뜨려 순간순간을 담으며 세례를 축복한다.

세례식을 마친 작은 천사들이 아르마스 광장에 모여 하루를 즐기는 모습을 보며 시티 투어 버스에 오른다. 가 보고 싶은 곳은 많지만 시간이 빠듯한 관

∧∧ 웅장한 대성당 내부
∧ 세례식을 거행하는 소년과 소녀들

아르마스 광장 풍경

아르마스 광장엔 세례식을 마친
작은 천사들이 뛰놀고,
사진 찍히고 찍어 주기에
여념 없는 사람들이
여기저기서 미소 짓고 있다.

광객들에게 시티 투어는 매우 유용하다. 아르마스 광장을 중심으로 바둑판처럼 펼쳐진 아레끼빠 시내와 교외의 풍경을 한꺼번에 둘러볼 수 있는 기회를 제공하기 때문이다.

아르마스 광장을 떠난 버스가 까르멘 알또Mirador de Carmen Alto 전망대에 선다. 해발 6,288m의 알빠또 산Alpato, 6,075m의 차차니 산Chachani 그리고 만년설로 유명한 5,825m의 미스띠 산이 펼쳐진다. 그러나 미스띠 산Misti은 더 이상 하얀 만년설을 머리에 이고 있는 사진 속 모습이 아니다. 눈의 흔적이 바람이라도 불면 날아갈 듯 아슬아슬하게 남아 있을 뿐인 벌거숭이산이다. 먼발치에

멀리서 바라본 미스띠 산

서 바라본 눈의 흔적은 바람이라도 불면 날아갈 듯 아슬아슬하다. 5~6년 전부터는 봄눈이라도 내리는 날이 아니면 미스띠의 만년설다운 모습을 볼 수 있는 건 고작 1~2월 정도라고 한다.

볼거리가 없어진 미스띠 산의 안타까운 모습은 야나우아라 광장Plaza de Yanahuara에서도 마찬가지다. 아! 슬픈 미스띠 산이여! 이 버스에 탄 관광객들은 더 이상 미스띠 산에서 매력을 느끼지 못하는 듯 광장에서 결혼사진 촬영에 한창인 커플을 향해 카메라를 돌린다. 페루의 많은 사람이 돈이 없어서 결혼식을 올리지 못하고 산다고 들었는데 이들은 사진 촬영에 비디오 촬영까

만년설이 아슬아슬한 미스띠 산

∧ 아레끼빠 외곽의 마을
∨ 아레끼빠 교외 논밭의 잡초 뽑는 사람들

지! 꽤나 상류층에 속하는 사람들인 모양이다. 행복에 겨운 커플은 기꺼이 관광객들의 모델이 되어 주고 샴페인을 터뜨린다.

세 시간 조금 넘게 아레끼빠 외곽을 도는 투어 버스는 마지막 목적지를 향해 간다. 아레끼빠 중심가에서 멀지 않은 곳이지만 교외의 풍경은 아르마스 광장에서 보던 도시의 모습과 사뭇 다르다. 넓은 논밭이 펼쳐져 있고, 잡초를 뽑는 농부들의 손길이 분주하다. 한쪽 언덕에는 페인트칠조차 못한 집들이 모여 회색빛 산동네를 이루고 있다. 좁은 시골길을 따라 도착한 곳은 만시온 데 푼다도르Mansión de Fundador. 바로 아레끼빠 시를 세운 스페인인 가르시 마누엘 데 까르바할Garcí Manuel de Carbajal이 자신의 아들을 위해 지어 준 저택이라고 한다.

가르시는 1540년 프라시스꼬 삐사로Francisco Pizarro와 함께 아레끼빠를 점령한 스페인의 정복자다. 하지만 아레끼빠의 역사에서는 가르시를 시의 창시자라 하고 이 사람의 집을 역사박물관쯤으로 묘사한다. 식민의 역사가 너무 길었던 탓일까, 아니면 세뇌된 것일까 혹은 동화된 것일까. 이방인으로서 참 이해하기 힘든 대목이다.

남미의 꽃인 '부감비아'가 살구색 벽에 분홍빛으로 어우러져 피어 있는 푼다도르는 따뜻하고 포근한 느낌이다. 넓은 정원에서는 알빠까Alpaca가 한가로이 풀을 뜯고 있다. 양처럼 털을 깎아 실을 뽑고 그것으로 갖가지 의류를 만드는 알빠까는 대저택의 정원보다는 산골 마을의 가난한 농부 곁에서 풀을 뜯는 것이 더 어울릴 것 같다.

아레끼빠의 해가 기울자 기온도 함께 뚝 떨어진다. 쌀쌀하다. 창문도, 지붕도 없이 달리는 2층 버스에 앉아 있으니 온몸이 오들오들 떨린다. 가이드가 얇은 담요 한 장을 나눠 주지만 해발 2,300m인 이곳에서 부는 차가운 바람을 이겨내기에는 턱없이 부족하다. 마치 잠깐 사이에 봄에서 초겨울로 와 버린 느낌이다.

:: 꼰도르는 날아가고
엘 꼰도르 빠사

새벽 3시, 미국의 그랜드 캐니언보다 깊은 계곡이라는 꼴까 계곡에 가기 위해 채비를 서두른다. 나에게는 하루를 시작하기에 너무 이른 시각이지만, 다른 이들에게는 아직 끝나지 않은 어제인 모양이다. 거리 곳곳에는 환하게 불이 켜져 있다. 포장마차에서 구워내는 음식 냄새가 코를 자극하고 클럽 앞에서는 외국인들과 아레끼빠의 젊은이들이 맥주병을 하나씩 들고 이런저런 이야기를 나누며 밤의 끝자락을 즐기고 있다. 시내를 벗어나자 총총한 별이 하늘을 수놓는다. 별빛을 따라 달리는 버스는 인가조차 없는 산길을 지나 네 시간 만에 해발 3,633m의 치바이Chibay까지 오른다.

'멈춰 가는 곳'이라는 뜻의 치바이는 여행객들이 고도에 적응하기 위해 하루나 이틀 정도 묵어가는 작은 마을이다. 꼴까 계곡으로 가는 길은 보통 해발 4,000m, 가장 높은 곳은 해발 4,800m의 고산지대라 급하게 오르다 보면 심각한 고산병을 겪을 수 있기 때문.

잠시 쉬면서 아침 식사를 하기 위해 작은 식당에 들어가 자리를 잡지만 빵 한 조각 입에 대지 못한다. 너무 급하게 올라온 탓에 고산병 증세가 시작됐나 보다. 머리는 지끈지끈, 속은 울렁울렁, 졸음까지 쏟아진다. 몸에서 조금씩 기운이 빠져나가고 있는 듯하다. 고산병 증세에 좋다는 꼬까 차Mate de Coca만 몇 잔 마시고 찬 공기를 쐬는 것이 낫겠다 싶어 밖을 나선다.

차가운 새벽안개가 온몸을 휘감는다. 적막이 흐르는 치바이의 골목길. 자수로 화려한 옷을 차려입은 아낙네 한둘만이 고즈넉한 거리를 오간다. 차가운 공기 탓인지, 고산병 증세 때문에 헛것이 보이는 건지 산골 마을에는 옅은 안개가 끼어 있는 것 같다.

식사를 마친 일행과 함께 서둘러 치바이를 떠난다. 차는 뿌연 먼지를 일으키며 위험천만한 천 길 낭떠러지를 끼고 달린다. 등골이 오싹해진다. 그러나 위를 보니 맑고 푸른 하늘이 펼쳐져 있고 구름은 손에 잡힐 듯하다. 땅을 보면 정신이 번쩍 들고, 하늘을 보면 마음이 편해진다. 그렇게 산 오르내리기를 반복한 지 한 시간여. 차는 전망대인 크루스 델 꼰도르Cruz del Condor에 선다. 깊고 깊은 계곡이 마른 산을 따라 길게 뻗어 있다. 이곳의 해발고도는 3,800m. 크루스 델 꼰도르 아래 계곡의 깊이는 900m 정도에 불과하지만 꼴까 계곡 중 가장 깊은 곳은 3,182m나 된다고 한다.

전망대에서는 화려한 색상의 좌판이 여행객의 시선을 사로잡는다. 전통 복장을 입은 안데스 아낙네들은 민예품을 파는 좌판을 전망대 주변에 빼곡히 늘어놓았다. 이곳 사람들은 척박한 안데스의 고원에서 알빠까나 라마를 기르고 그 털을 깎아 옷을 만들고, 모자를 만들고, 갖가지 장신구를 만들어 방문객들에게 내놓는다. 아마도 이들은 자신이 만든 것을 팔기 위해 고단한 삶만큼이나 무거운 짐을 지고 매서운 안데스의 바람을 온몸으로 맞으며 새벽부터 집을 나섰을 것이다. 관광객들을 태운 버스 외에는 이렇다 할 교통수단이 없는 이곳에서 이들이 자신들의 상품을 운반하는 유일한 수단은 두 발과 알빠까나 라마 같은 동물 밖에 없기 때문이다.

어린아이들도 마찬가지일 것이다. 아름다운 전통 복장을 차려입고, 집에서 기르는 알빠까를 데리고 나와 여행객의 모델이 되어 준다. 아이들은 그 대가로 받은 1쏠, 2쏠을 생활비에 보탠다. 그 시간 동안 남자들은 산비탈을 깎고 밭을 만들어 감자를 기른다. 비가 오지 않는 건기에는 뜨개질을 해서 옷이며, 모자 등을 만들기도 한다. 돈벌이를 위해 온 가족이 나서야 할 정도로 생활이 넉넉하지 못

∧ 산비탈을 개간해 만든
안데스의 농경지
∨ 전망대의 좌판

LINEA
S 1,7
BOLET
PASAJE
SERIE
6187

하지만, 안데스 사람들은 하루하루 최선을 다하며 살아간다. 정성껏 만든 옷
과 장신구들 하나하나에 삶의 희망을 담아.
'우와~!' 좌판에 펼쳐진 예술 작품처럼 화려한 물건들을 구경하고 있는데 전
망대 쪽에서 웅성대는 소리가 들린다. 꼭꼭 숨어 있던 꼰도르가 나타난 모양
이다. 서둘러 전망대로 가 보니 날개가 검은 꼰도르가 바람을 타고 계곡 사이
를 비상하고 있다. 한 번 비행을 시작하면 하루 정도는 땅에 내리지 않고 날
수 있다는 꼰도르가 깊은 계곡을 배경으로 날고 있는 모습은 다큐멘터리 영
화의 한 장면 같다. 그러나 고산 증세로 고생한 것에 대한 보상이라고 하기에
는 아쉬움이 남는다. 이방인에게는 꼰도르의 상징적인 의미가 페루인만큼 와
닿지 않는 탓인지도 모르겠다.

잉카인들은 사람이 죽으면 꼰도르가 그들의 영혼을 불멸의 세계, 하늘의 세계로 데려간다고 믿었다. 힘겨웠던 식민지 시절 1532년, 스페인 정복자들은 무력으로 페루를 점령하고, 자원을 약탈했으며, 사람을 죽이고 노예로 삼기를 일삼았다. 마침내 1780년 호세 가브리엘 꼰도르깐끼José Gabriel Condorcanqui가 봉기를 일으키고 스페인 군대에 저항했다. 하지만 1781년 스페인 군대에 붙잡혀, 혀와 사지가 잘리는 잔인한 처형을 당하였다. 그러나 잉카인들은 슬픔으로 좌절하지 않았다. 그들은 꼰도르가 꼰도르깐끼의 영혼을 부활시켜 줄 것이라고 굳게 믿었다.

∧ 전통 복장을 한 아이와 알빠까 ∨ 꼰도르

훗날, 페루의 시인 호무알도Jomualdo는 꼰도르가 꼰도르깐끼의 영혼을 부활시켜 줄 것이라고 노래했다.

페루인, 잉카인에게 있어 꼰도르는 새, 그 이상의 의미를 지닌다. 오랜 식민지 시절 동안 핍박받으며 노예처럼 살아온 이들에게 꼰도르는 자유와 희망의 상징이었다. 오늘날에는 정복자와 원주민의 피를 나눠 가진 메스티조가 페루 인구의 절반 이상을 차지하며, 정복한 자와 정복당한 자의 구분도 모호해졌지만 여전히 이들의 영혼 깊숙한 곳에는 잉카의 혼이 살아 있을 것이다.
전망대에 있는 사람들 중 한 명이 〈엘 꼰도르 빠사El Condor Pasa〉를 흥얼거린다. 우리에게도 너무나 잘 알려져 있어 익숙하고 친근하게 다가오는 노래. '내 영혼을 잉카의 고향으로 데려가 달라'는 의미가 담긴 노래, 이곳에 이보다 더 잘 어울리는 곡이 있을까! 사이먼 앤 가펑클이 불러 유명해진 〈엘 꼰도르 빠사〉의 원곡은 페루의 작곡가 로블레스Daniel Aomias Robles가 1913년 꼰도르깐끼를 기리기 위해 작곡한 오페레타 〈꼰도르깐끼〉의 테마 음악이었다.

나, 태어난 곳으로 돌아가
내 잉카의 형제들과 함께 살고 싶다.
그것이 내가 가장 바라는 것!
형제들이여,
꾸스꼬의 광장에서 나를 기다려 다오.
우리 만나서 마추 삐추 산정과 와이나 삐추를
함께 오를 수 있도록!

잔잔하고 친숙하게 느낀 이 노래의 의미를 알고 나니 이들의 아픈 역사가 더욱 가슴 깊이 전해 온다. 그들은 이 노래를 통해 자신을 달래고, 짓밟힌 잉카의 영혼을 위로한다. 꼰도르깐끼의 영혼이 꼰도르가 되어 꼴까 계곡을 날고 있을 것이라는 믿음이 이들의 발걸음을 이 계곡으로 돌려놓은 것은 아닐까!

전통 복장을 갖춰 입고 춤을 추고 모델이 되어 주는 사람들

꼰도르깐끼의 부활을 기다리는 사람들을 떠나 미니 버스는 황량한 벌판 같은 안데스 고원을 넘는다. 인간의 손길이 닿지 않은 땅은 야생의 모습을 그대로 간직하고 있는데 동물들은 힐끔힐끔 사람들의 눈치를 보며 풀을 뜯고 낮게 자란 풀들은 바람이 부는 방향으로 몸을 맡긴다. 비 한 방울 내리지 않을 것 같은 마른 땅은 치바이까지 이어진다.

치바이의 오후는 아침나절에 본 것과 전혀 다른 모습이다. 거리는 축제라도 열린 것처럼 관광객으로 북적거리고 전통 의상을 입은 아이들은 흥겹게 춤추 며 여행객들의 모델이 된다. 어깨에 손을 얹은 모습으로 기차를 만들어 춤을 추는 아이들을 향해 셔터를 누르고 그 대가로 후한 쁘로삐나를 작은 손에 건 넨다. 쁘로삐나를 받은 아이들은 내 주변을 빙글빙글 돌며 화답한다.

이곳에서 하루를 묵었다 갈 사람들과 꼴까 계곡에서 내려온 사람들 그리고 치바이 사람들이 한데 어우러져 활기가 넘쳐난다. 성당 앞 광장에서는 알빠

춤을 구경하거나 사진을 찍은 뒤 여행객들은 쁘로삐나를 건넨다.

아레끼빠

135

∧ 척박한 안데스의 고원   ∨ 안네스 고원의 과나꼬 무리들

까와 작은 아이가 여행객의 관심을 기다리고 있다.

이까의 시골 마을에서 본 작은 가이드 아이가 생각난다. 한창 또래들과 뛰어 놀고, 열심히 공부해야 할 아이들이 이렇게 생존의 터전으로 내몰려 얼마 되지 않는 돈이라도 벌어야 하는 현실에 마음이 아프다.

잉카의 후예들에게 전해져 내려오는 이야기 중에 '야이누'라는 영원의 도시에 관한 이야기가 있다고 한다. '야이누'는 시간이 존재하지 않는 마법의 도시로 '위대하고 풍요로운 땅'이라는 뜻인데 꼰도르는 야이누 사람들에게 조상의 역사를 가르치고, 함께 사랑하며 살아가는 것을 가르쳤다. 그러던 어느 날 꼰도르가 야이누를 떠나자 야이누 사람들은 서로를 시기하고, 질투하며 싸우기 시작했고, 때마침 백인들이 야이누에 쳐들어왔다. 백인들은 야이누 사람들을 끌어내 짓밟고 학살했으며 자신들의 노예로 삼았는데 백인들의 공격을 버티지 못한 야이누는 땅속 깊은 곳으로 사라져 버렸다고 한다. 잉카의 후예들은 꼰도르가 야이누로 돌아오면 그 위대하고 풍요로운 땅이 다시 세상에 모습을 드러낼 것이라고 믿는다. 그리고 꼰도르가 악랄한 정복자들이 뿌려 놓은 온갖 악을 물리쳐 줄 것을 염원한다.

21세기, 현대를 살아가는 페루인들은 과연 얼마나 야이누의 전설, 꼰도르의 신화를 믿고, 그 부활을 바라고 있을까? 어쩌면 이미 잊혀져 버린 전설일지도 모른다. 그러나 척박한 안데스 고원에 사는 가난한 잉카의 후예들만큼은 여전히 꼰도르의 부활을 기다리고 있을 것 같다. 자신들을 둘러싼 빈곤과 아픔을 스스로의 힘으로는 어쩌지 못하기 때문에!

치바이를 떠나며 차창 밖으로 스치는 안데스 산맥을 바라본다. 메마르고 거친 안데스 고원만큼이나 그 안에서 존재하는 삶도 척박했다. 나무들이 모두 잘려 벌거숭이가 되고, 그 자리에 가파른 계단식 밭이 들어선 안데스 산맥. 그런 곳에라도 밭을 일궈야 살아갈 수 있는 잉카의 후예들……. 꼴까 계곡을 떠나는 마음이 고산병에 걸린 것처럼 어지럽기만 하다.

페루의 문학가

주로 토착민과 스페인 식민지 시절의 전통에 근거하고 있는 페루의 문화는 문학에도 많은 영향을 끼쳤다. 스페인의 지배에서 독립한 내용을 다룬 작품에서부터 개인주의에 대한 시, 그리고 라틴 아메리카 문학 붐을 이끈 마리오 바르가스 료사_{Mario Vargas Llosa}의 유아기 환상을 다룬 작품까지 주제와 형식면에서 다양하다. 식민지 시대에는 연대기와 종교문학, 독립 후에는 풍속주의와 낭만주의가 대두했다.

20세기 초 토착주의 운동을 대표한 작가로는 〈세상은 넓지만 남은 것_{El Mundo es Ancho y Ajeno}〉의 알레그리아_{Ciro Alegría}, 〈깊은 강_{Los Rios Profundos}〉의 호세 마리아 아르게다스_{José María Arguedas}, 세사르 바예호_{César Vallejo} 등이 있다. 세자르 바예호(1892~1938)는 1918년에 첫 출간한 《검은 전령들_{Los Heraldos Negros}》과 1922년 출간한 《뜨릴세_{Trilce}》, 죽은 후 부인이 1939년 출간한 《인간의 시들_{Poemas Humanos}》, 이 3권의 시집만으로 20세기 혁신적인 시인으로 추앙받을 정도로 대단한 인물이다.

소설가, 언론인, 정치가, 국립도서관장을 역임한 리까르도 빨마_{Ricardo Palmas}(1833~1919)는 잉카 시대부터 현대에 이르기까지 역사적 사실과 구전되어 온 것들을 바탕으로 하여 《페루 전설집_{Tradiciones Peruanas}》을 시리즈로 출간했다.

페루 대통령 선거에서 알베르또 후지모리에게 패한, 국제적으로 유명한 마리오 바르가스 료사의 작품으로는 〈도시와 개들_{La Ciudad y Los Perros}〉, 〈세상 종말 전쟁_{La Guerra Del Fin Del Mundo}〉 등이 알려져 있다.

이제 익숙한 작품만 읽는 것보다는 색다른 페루와 남미 문학에 빠져 보는 것은 어떨까 싶다.

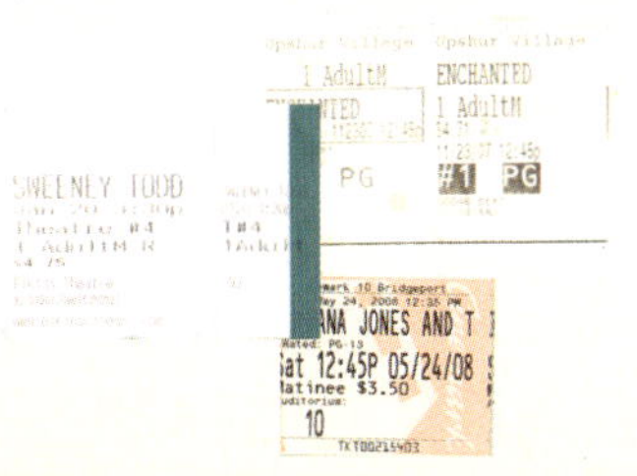

5장

꾸스꼬
CUSCO

찬란한 문명을 자랑하던 잉카 제국의 수도
꾸스꼬에 서서 잉카인들의 숨결을 느껴 보고자 깊은 호흡을 내쉰다.
길가에 늘어선 빛바랜 건물들이 시간의 벽을 허물며 내뿜는
잉카의 옛공기를 느껴보기 위함이다. 그러나 아르마스 광장에서
잉카의 수도다운 찬란한 문명은 더 이상 찾아보기 힘들다.

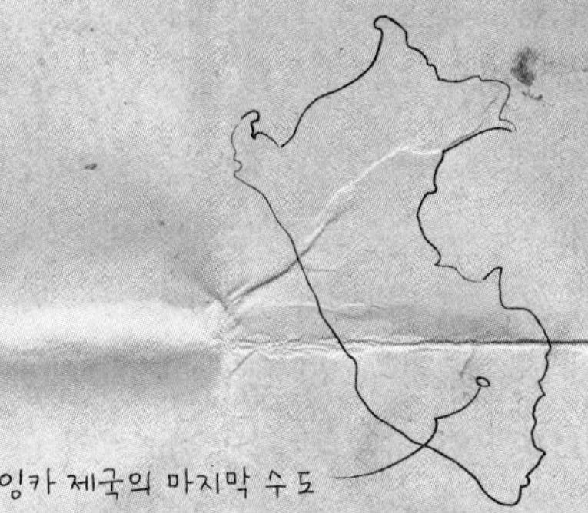

잉카 제국의 마지막 수도

:: 잉카의 슬픔을 간직한
꾸스꼬

아레끼빠를 떠나 심야 버스를 타고 여덟 시간을 달린 끝에 도착한 꾸스꼬Cusco! 바로 이곳이 잉카인들이 '우주의 중심', '세계의 배꼽'이라 부르는 곳이다. 여행을 좋아하는 사람이라면 누구라도 한 번쯤은 꿈 꿨을 땅,《내셔널 지오그래픽》이 열 손가락 안에 꼽은 세계의 명소다.

3,000m가 넘는 해발고도 때문인지 흥분된 마음과 달리 몸은 천근만근이다. 아레끼빠에서 따라온 고산병 증세도 좀처럼 가라앉을 생각을 하지 않는다. 인간의 몸은 어떠한 환경에서라도 쉽게 적응하게 되어 있다는데, 이 몸은 여전히 고산지대에 적응하지 못하고 있다.

마추 삐추의 입구인 아구아 깔리엔떼Agua Caliente행 기차표를 예약하기 위해 무거운 몸을 이끌고 우안챠크 Huanchac 역으로 향한다. 이른 새벽, 역사는 세계 각지에서 온 사람들의 다양한 표정과 얼굴로 북적거린다. 마추 삐추 유적을 보려면 인근에서 1박을 해야만 했던 예전과 달리 새벽 6시 40분에 출발하는 열차가 생기면서 조금만 부지런을 떨면 마추 삐추 여행이 당일치기로도 가능해졌기 때문.

기차표 가격을 한번 본다. 예상은 했지만 터무니없이 비싼 가격에 입이 떡! 벌어진다. 독점으로 운영하기 때문에 가격을 마음대로 올려 받고 있는 것이리라. 가장 비싼 것은 무려 왕복 348 달러! 웬만한 국내선 항공권 가격보다 비싸다니 기가 차다. 오얀따이땀보 *Ollantaytambo* 역에서 아구아 깔리엔떼까지 가는 편도 열차도 가장 싼 것이 52 달러, 현지 물가와 비교해 봐도 너무하다는 생각이 든다. 그래서 힘은 들지만 여행비를 절약해 볼까 하는 마음에 자전거로 잉카 길을 오를 생각도 했다. 하지만 앞뒤로 들쳐 멘 배낭과 머릿속의 복잡한 생각 때문에 고개를 절레절레 젓는다.

어쩔 수 없이 거금을 들여 표를 예매하고 아르마스 광장으로 향한다. 그 찬란한 문명을 자랑하던 잉카 제국의 수도 꾸스꼬에 서서 잉카인들의 숨결을 느껴 보고자 깊은 호흡을 내쉰다. 길가에 늘어선 빛바랜 건물들이 시간의 벽을

아르마스 광장과 화려한 조각이 가득한 헤수스 성당

허물며 내뿜는 잉카의 옛공기를 맡아 보려 했지만 아르마스 광장에서 잉카의 수도다운 찬란한 문명은 더 이상 찾아보기 힘들다. 콜롬비아나 칠레 지역까지 영향을 끼치던 잉카의 찬란함은 화려한 가톨릭 성당에 묻히고, 덮여 이제는 흔적조차 느낄 수 없다.

스페인 침략자들이 페루에 눈독을 들이기 시작한 것은 1511년이다. 파나마에 정착한 스페인인들은 파나마 지협 남쪽으로 며칠만 항해하면 '황금으로 번쩍이는 나라' 엘 도라도El Dorado에 닿는다는 소문을 듣고 황금에 대한 욕심으로 탐험을 시작했다. 잉카 제국의 부에 이끌려 온 침략자 프란시스꼬 삐사로 Francisco Pizzaro는 페루 연안 지역을 탐험한 후 본국으로 돌아가 군사를 모집, 이를 이끌고 1532년 잉카 제국의 땅인 페루 북부 뚬베스Tumbes 지역에 상륙했다. 이때부터 잉카의 땅에 어두운 그림자가 드리워졌다. 삐사로는 잉카 제국의 내분을 이용, 단 180명의 군사로 잉카의 마지막 황제인 아따우알빠Atahualpa를

꾸스꼬의 골목

알빠까와 아낙네

처형하며 1533년에 잉카 왕국을 몰락시키고 1540년에는 꾸스꼬를 점령하였다. 조국을 찾으려는 잉카인들의 노력과 투쟁은 계속되었지만, 1752년, 잉카의 마지막 지도자인 망코 잉카Manco Inca가 참수를 당하면서 긴 투쟁도 끝이 나고 말았다. 이로써 잉카 제국의 문명도 함께 몰락한다.

'야만인에 대한 개종'을 명분으로 삼아 스페인 침략자들은 잉카 문명과 문화를 파괴하는 자행을 서슴지 않았다. 찬란한 역사의 고도는 하나씩 파괴되어 잿더미가 되고, 먼지가 되어 역사 속으로 사라져 갔다. 정복자들은 가톨릭의 위엄을 과시하기 위해 잉카의 사원을 허물고 그 위에 성당을 세움으로써 잉카의 역사를 종교의 발아래 매장했다. 꾸스꼬가 잉카의 수도였던 만큼, 정복자들이 파괴해야 할 것들도 많았으리라. 그 파괴되는 수만큼 많은 성당이 들어섰다. 잉카의 신전보다 더 화려하고 웅장하게 성당을 짓기 위해 침략자들은 수많은 잉카인들의 피와 땀, 그리고 목숨을 요구했을 것이다. 침략자들의 위용을 상징하며 광장 주변 한 블록 건너마다 있는 거대한 성당들은 힘없이 쓰러져 간 잉카인들의 넋과 눈물, 피로 얼룩진 아픔의 역사를 알고나 있을까? 엘 도라도를 보니 Goombay Dance Band의 〈El Dorado〉라는 노래가 흥얼거려진다.

사람들을 한 명 한 명 죽였어요.
그들은 오직 총으로만 말을 했지요.
용감한 남자들은 쇠사슬에 묶이고
모든 젊은 엄마들은 노예로 팔려 갔어요.
아기들은 밤새 울어댔어요.
그 아기들이 빛을 볼 수 있을까요?
엘 도라도의 황금의 꿈들은
고통과 피의 바다에 모조리 잠겨 버렸어요.
엘 도라도의 황금의 꿈들은
오직 마음속에서나 가능할 거예요.
……(중략)……
힘과 권력에만 굶주려 있는 자들에게
에덴의 문은 늘 닫혀 있을 거예요.

신나는 리듬의 노래라 밝고 좋은 곡으로만 생각하다가 가사의 뜻을 알고 나면서부터 새롭게 다가온 〈엘 도라도〉. 황금에 눈먼 자들에 의해 파괴되는 평화와 사랑, 그리고 인류! 그 신나는 리듬은 노예로 팔려 가고 죽어 간 사람들의 비참함을 반어적으로 나타낸 것이리라 생각해 본다.

진정한 엘 도라도는 다이아몬드와 금으로 이루어진 것이 아니라 모든 사람들의 마음속에 있는 평화와 사랑, 이해를 향한 꺼지지 않는 갈망이라는 것을 다시 한 번 음미하며 잉카 문명 위에 첫 번째로 세워진 대성당Catedral del Cusco에 들어선다. 웅장한 외관만큼이나 화려한 조각과 살아 있는 듯 섬세한 성상들이 눈에 들어온다. 아기 예수를 안고 있는 성모 마리아가 그려진 성화와 황금빛으로 빛나는 제단, 갖가지 문양으로 화려하게 장식된 천장 등 많은 볼거리가 눈길을 사로잡는다. 그 아래에서 침략자의 신을 향해 두 손을 모으고 간절히 기도하는 페루인들. 이방인의 눈에 들어온 이 낯선 풍경을 어떻게 받아들여야 할지 굉장히 혼란스럽다.

광장 다른 편에 있는 헤수스 성당Iglesia de la Compañía de Jesús의 화려함도 대성당에 뒤지지 않는다. 태양에 그을린 갈색 피부의 사람들이 침략자의 신을 향해 두 손을 모으고 있는 풍경은 여기도 마찬가지다. 이방인으로서는 도무지 이해하기 어려운 풍경이다.

자신의 나라를 침략하고 모든 것을 송두리째 앗아가 버린 침략자들의 것이라 생각한다면 한없는 분노와 화가 먼저 치밀어 오를 텐데 300년 식민지 시

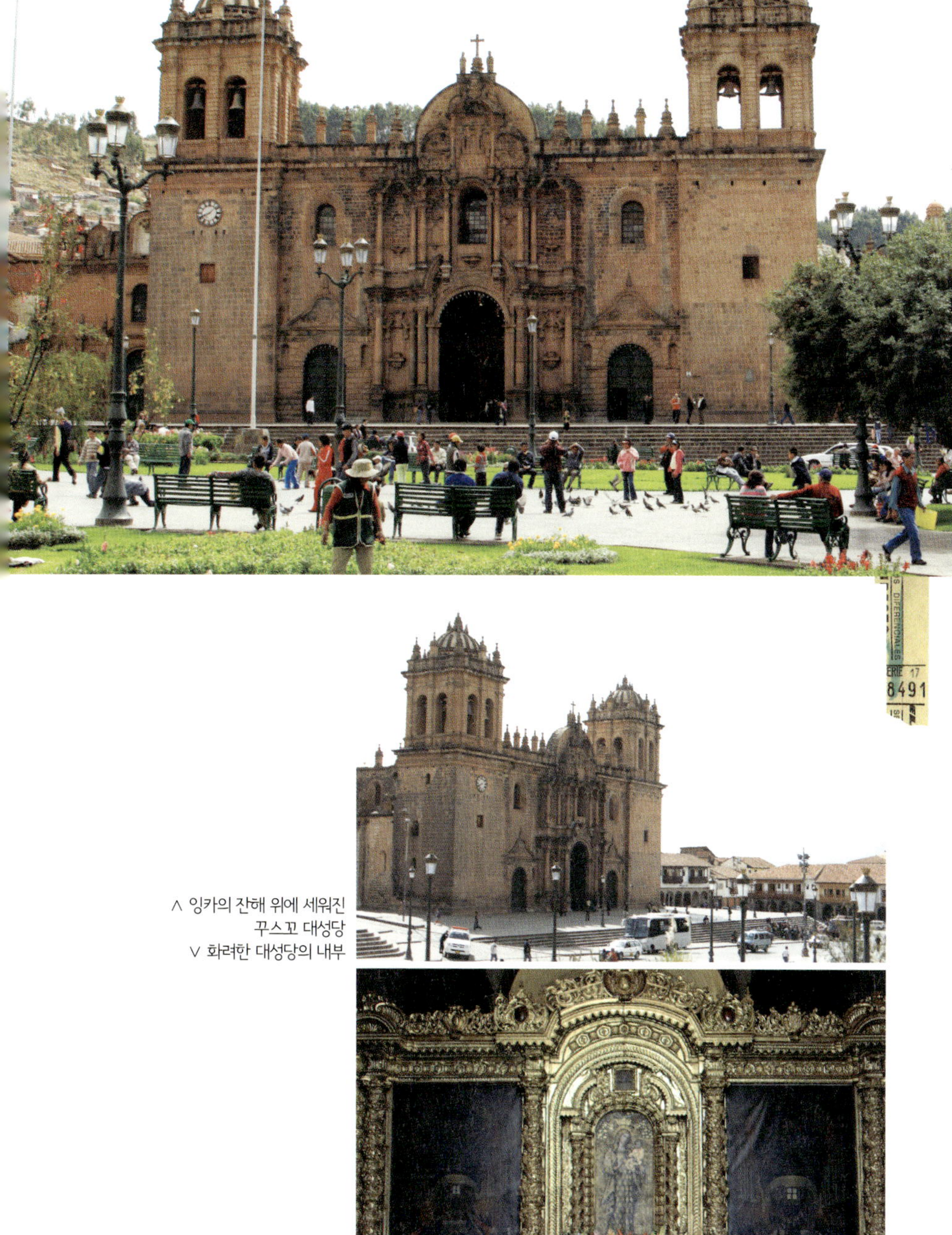

∧ 잉카의 잔해 위에 세워진
꾸스꼬 대성당
∨ 화려한 대성당의 내부

헤수스 성당

절은 침략자의 신마저 가슴 속에 모시게 되는, 그리도 기나긴 시간이었나 보다! 하기야 36년의 일제강점기 이후 아직도 우리나라에 남아 있는 일제 잔재들을 보면 이해가 아예 되지 않는 것도 아니다. 36년이 그러한데 300년이라니…….

성당을 나와 좁은 골목길을 거닌다. 세월의 흔적이 배어나는 좁은 돌길은 구걸을 하는 걸인과 알빠까를 끌고 와 "포토, 포토!"라고 외치는 아낙네, 바쁜 걸음으로 오가는 꾸스꼬 사람들, 배낭을 짊어지고 이세 막 도착한 여행객들로 분주하다. 살기 위해 나온 사람들과, 관광을 위해 온 사람들이 한데 뒤엉킨 거리에는 묘한 활기가 넘친다.

꾸스꼬 사람들과 여행객들이 일상적으로 오가는 길가의 돌담 속에는 그 유명한 12각 돌Piedra de los Doce Ángulos이 숨겨져 있다. 아무런 보호 장치도 없다. 있는 그대로 자연스럽게 놔둔 것인지는 모르겠으나, 여행객의 시선으로 보면

잉카인의 놀라운 건축술을 엿볼 수 있는 석벽

'왜 이 소중한 문화유산을 아무렇게나 놓아두는 것일까' 하는 의문이 앞선다. 입장료를 받고 곳곳에 경비원까지 몇 명씩 배치해 사진 촬영조차 엄격히 금지하며 철저하게 보호하던 여러 성당과 비교하면 잉카의 유물들은 천대받고 있다는 느낌마저 든다.

12각 돌의 '12'는 왕의 12가족을 나타내는 것이라는 설과 1년의 열두 달을 나타내는 것이라는 설 등 의견이 분분하다. 12각 돌과 맞닿아 있는 다른 돌들 사이의 간격은 명함 한 장 들어가기 어려울 정도로 촘촘하다. 기계로 깎아서 담을 쌓아도 이렇게 정밀하게 만들기는 어려울 텐데, 손수 돌을 깎아 이런 조각 같은 담을 완성한 잉카인들의 건축술이 놀라울 따름이다.

돌담 위에는 침략자들이 지은 화려한 성당이 있다. 침략자들조차 이 돌담을 파괴하거나 옮길 수 없어 이 위에 성당을 지은 것이다. 여행객들에게는 12각 돌이 놀랍고 신비로운 잉카의 흔적이지만 이곳 사람들에게는 '오래전부터 함께 있어 온 이웃의 담'인 모양이다. 아이들은 돌담에 기대어 놀고 무명 여가수는 12각 돌을 배경 삼아 뮤직비디오를 찍는다. 그들에게 이 12각 돌은 유적이기 이전에 값진 놀이터요, 생활 공간인 것이다.

많은 것을 상실했지만, 그나마 남아 있는 잉카의 흔적을 찾아보기 위해 박물관 몇 곳을 둘러보기로 한다. 가장 먼저 들른 곳은 태양의 신전인 꼬리깐차 Koricancha. 침략자들은 '황금이 있는 곳'이란 뜻의 꼬리깐차를 둘러싼 정교한 석벽과 그 위에 20m 이상 둘러져 있는 금띠를 보고 놀랐다고 한다. 아쉽게도

산토 도밍고 성당

지금은 황금 띠를 볼 수 없지만 석벽 그 자체만으로도 아름다움을 충분히 느낄 수 있다. 침략자들은 신전에서 좋은 것들은 다 약탈하고 나서 신전의 상부를 허물고 그 위에 스페인풍의 추리게라 양식으로 산토 도밍고 성당Iglesia de Santo Domingo을 증축했다. 꾸스꼬에 대지진이 일어났을 때, 성당은 무참히 무너졌지만 신전의 토대인 석벽만은 그대로 남았을 정도로 잉카 건축의 위대함을 자랑한다. 잉카 제국의 찬란한 기술이 역사 속에 건재함을 뒷받침해 주는 듯하다.

1960년부터 복원되기 시작한 꼬리깐차에는 파괴되지 않고 남아 있는 옛 신전의 일부가 전시되어 있다. 그 모습은 마치 기계로 바위를 잘라낸듯 정교하다. 신전의 토대가 된 축대 역시 작은 틈새 하나 보이지 않는다. 12각 돌의 돌담을 만들 때와 같은 공법을 사용한 듯하다. 정말 대단하다는 생각밖에 들지 않는다. 꼬리깐차의 유적은 아직도 복원 작업을 계속하고 있지만, 안타깝게도 이미 철저히 파괴되어 제 모습을 찾기란 불가능해 보인다.

꾸스꼬에는 다양한 박물관이 있다. 잉카시대의 도기와 직물들을 전시해 놓은 잉카 박물관Museo Inka, 잉카 문명을 비롯해 나스까, 모치까Mochica, 우아리Huari, 치무Chimu 문명에서 나온 장식품과 토기를 전시하고 있는 쁘레꼴롬비노 박물관Museo de Arte Precolombino 등이다. 그리고 이들 박물관의 민예품 상점 앞에서는 꾸스꼬의 아낙네들이 관광객을 위한 모델이 되어 전통 방식으로 직물을 짜고 있다. 이들의 삶은 박물관 유리벽 안에 있는 장식품처럼 박제되어 따가운 햇살을 맞고 있다.

굳이 박물관 안마당이 아니더라도, 상품이 되어 버린 잉카의 후예는 꾸스꼬 거리 곳곳에 있다. 찬란한 조각으로 장식된 성당 주변을 걷다 보면 쉽게 만나는 가난한 잉카의 후예들, 단돈 1쏠을 벌기 위해 여행객을 붙들고 "포토! 포토!" 외치는 소리에 가슴이 아려온다. 언제쯤 이들은 이 지독한 가난에서 해방될 수 있을까?

:: 잉카의 아픔이 서린
바위 성

꾸스꼬 주변에 남아 있는 잉카의 유적에 가기 위해 마을버스에 오른다. 그런데 이 부담스러운 시선들이란……. 외국인에 익숙한 꾸스꼬 사람들이지만, 편안한 택시를 두고 낡은 마을버스를 타는 외국인은 마냥 낯선 모양이다.

첫 번째 목적지는 삭사이와망Portada de Sacsayhuaman. 꾸스꼬 바로 위에 있다. 삭사이와망은 꾸스꼬 동쪽을 지키던 견고한 요새로 잉카인들이 스페인군에 맞서 마지막까지 저항한 곳이다. 스페인군들은 밤에는 싸우지 않는 잉카의 전통을 이용해 1536년 5월 어느 날 밤, 삭사이와망에 침입해 잉카 병사들을 몰살한다. 이로써 잉카 시대는 잉카인들의 눈물과 함께 아픔이 서린 채 역사 속으로 사라지고 말았다.

거석을 3층으로 쌓아 올려 만든 석벽은 꾸스꼬의 12각 돌처럼 정교하다. 3층 석벽은 지그재그를 22회 그리며 360m나 이어진다. 삭사이와망은 제9대 빠차꾸띠 왕 시대에 만들기 시작해 완성되기까지 하루 3만 명이 동원되었고, 80년의 긴 세월 동안 지었다는 설이 있을 만큼 웅장한 규모를 자랑한다. 수백 년이 지난 지금에 와서야 복구 작업이 진행되고 있지만 완전한 복원은 어렵다고 한다. 정복자들이 건축에 사용되었던 돌들을 꾸스꼬의 성당이나 건물을 짓기 위해 가져가 버렸기 때문이다. 꾸스꼬 거리에서 본 성당의 화려한 조각들이 삭사이와망의 일부였다니, 왠지 씁쓸하다.

석벽에 오르니 꾸스꼬의 빛바랜 붉은 지붕이 비단결처럼 펼쳐진다. 삭사이와망에서 멀지 않은 언덕에서는 커다란 예수상이 꾸스꼬를 내려다보고 있다. 그런데 그 모습이 자애롭게 느껴지지 않고 정복자 같은 느낌이 드는 것은 나

뿐일까.

페루뿐 아니라 중남미 역사에서 종교는 오로지 힘 있는 정복자의 편이었고, 개종은 힘 없는 이교도 학살에 대한 합리화의 구실이었다. 잉카의 마지막 왕인 아따우알빠는 정복자 삐사로가 내민 성경을 땅바닥에 던졌다는 이유로 참형을 당했다. 그곳에 종교가 말하는 사랑은 없었다. 정복자는 우상 숭배라는 이름으로 페루의 원주민들을 무참히 학살했고 잉카의 신앙과 의식을 파괴했으며 조상 대대로 이어온 전통의 맥을 끊어 버렸다.

정복자들이 들어오기 전 600만 명에 이르던 원주민 인구는 1561년에 100만 명 정도로 감소했다고 한다. 정복자들이 유럽에서 옮겨온 각종 전염병, 그리고 피를 짜내는 노역과 개종이 수많은 이들의 목숨을 앗아 갔다. 어쩌면 꾸스꼬를 덮고 있는 붉은 지붕은 잉카인들의 한이 서려 있는 고통의 핏자국인지도 모르겠다는 생각이 들었다.

삭사이와망 유적

삭사이와망에서 15분쯤 걸어가니 께추아어로 '미로'라는 뜻을 가진, 바위를 깎아 만든 유적 껜꼬 Qenco가 나온다. 잉카 시대에 제례를 지내던 곳으로 지금은 상당 부분이 파괴되어 '미로'라는 이름이 무색하다. 그래도 바위 사이사이에 아직 남아 있는 좁은 길과 바위를 깎아 만든 계단, 왕이 앉았던 옥좌와 제물대를 보며 과거의 화려했던 껜꼬를 상상해 본다.

껜꼬에서도 제법 멀리 떨어진 곳에 있는 '빨갛다'라는 의미의 뿌까뿌까라 Pukapukara 요새를 향해 발걸음을 옮긴다. 새파란 하늘을 한가로이 떠가는 구름처럼 안데스의 바람을 벗 삼아 산길을 거닐며 잠시 여유를 부려 본다. 꾸스꼬에서 한참을 올라왔으니 이곳의 해발고도는 대략 3,500m 정도가 될 것 같다. 고산병으로 점점 무거워지는 머리를 가라앉히기 위해 최대한 천천히 여유롭게 걷다 보니 한 시간도 넘게 걸려 유적 입구에 도착한다.

이곳은 꾸스꼬의 북쪽을 지키며 드나드는 사람들을 감시하는 요새였다는 설

거대한 바위를 깎아 만든 껜꼬

이 유력하지만 태양과 달을 숭배하는 제례를 지내던 곳이라는 설도 있다. 많은 잉카의 유적들이 그렇듯 이곳도 현대 과학이 풀지 못하는 비밀을 간직하고 있다.

우기나 건기 할 것 없이 일 년 내내 항상 같은 양의 물이 나온다는 성스러운 샘 땀보마차이Tambomachay는 뿌까뿌까라 건너편에 있다. 이곳은 잉카 시대에 목욕탕이었을 것으로 추정된다. 변기의 물을 내릴 때와 같은 사이폰Sipon의 원리를 이용하여 멀리서부터 물을 끌어 온다는 것이 가장 유력한 설이다. 하지만 물이 어디서부터 어떻게 흘러오는지는 수많은 과학자들조차 풀지 못한 신비로 남아 있다.

땀보마차이에 들어서자 알빠까 털에서 기다란 실을 뽑고 있는 촌로가 보이고 그 옆에서는 새끼 알빠까가 한가로이 노닌다. 이들 역시 하루 종일 남미의 뜨거운 햇살과 안데스의 바람을 맞으며 여행객이 주는 쁘로삐나를 기다린다. 이들에게 쁘로삐나는 유일한 수입원이다. 이들을 촬영하는 여행객들이 모두 쁘로삐나를 준다면 생계 걱정 같은 것은 하지 않아도 될 것이다. 하지만 꾸스꼬에서 이런 장면은 흔한 풍경이 되어 버린 탓에 먼발치에서 사진 한두 장만 찍고 조용히 사라지는 사람이나 그냥 지나치는 사람이 많아졌다.

그럴수록 이들의 삶은 더 힘든 고통 속으로 빠져든다. 며칠 안 되는 페루 여

'빨갛다'라는 의미의 뿌까뿌까라 요새

∧ 촌로와 새끼 알빠까
∨ 땀보마차이 유적

행에서 이들의 고충을 느꼈기 때문에 나까지 그냥 지나칠 수가 없다. 파란 옷을 입은 할머니와 빨간 옷에 앞니가 빠진 할머니의 사진을 몇 장 찍고 쁘로삐나를 조금 건넨다. 돌아서는 나를 향해 "고마워요!Gracias!" 하고 힘없이 외치는 할머니의 목소리가 가슴에 와 부딪친다. 할머니들이 입고 있는 옷처럼 그들의 삶도 화려했으면 좋겠다.

페루에서 만난 많은 유적들이 그렇듯 땀보마차이는 잉카의 유적이기 이전에 이곳 사람들의 일터이자 생활공간이다. 언덕 한쪽에서는 양떼가 풀을 뜯으며 한 폭의 그림을 그려내고, 당나귀 한 마리는 정교하게 쌓아올린 석벽 위에서 반가이 여행객을 맞는다. 눈에만 담아두기 아까워 카메라에 계속해서 땀보마차이의 풍경을 담아 넣는다.

석벽에는 500년이 넘는 세월을 이어 온 성스러운 샘이 솟아 흐르고 있다. 샘의 물줄기는 사진에서 본 것보다 가늘어 보인다. 잉카 제국이 패망하고 그 후예들마저 질병과 학살로 사라져 가는 동안 이곳의 샘도 그들과 함께 말라 가고 있는 것일까. 기운 없이 흐르는 물줄기에 꾸스꼬 거리를 힘없이 헤매고 있는 가난한 원주민의 모습이 스친다.

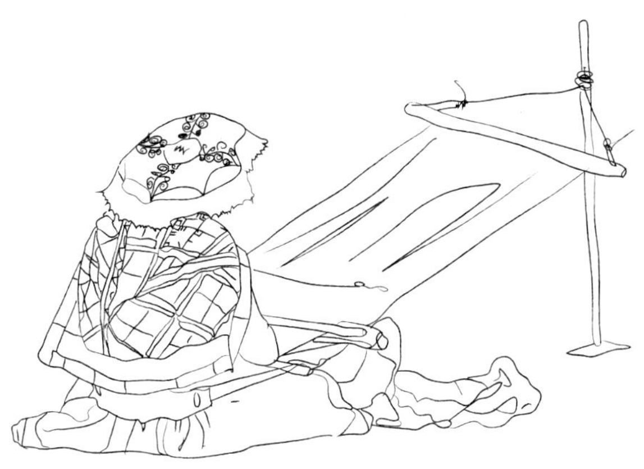

:: 산에서 나는
소금

페루 여행의 또 다른 아침이 밝았다. 오늘은 또 어떤 페루가 펼쳐질지 궁금하다. 마추 삐추 행 기차가 출발하는 오얀따이땀보로 가기 위해 이른 아침 호텔을 나선다. 꾸스꼬에서 오얀따이땀보까지의 거리는 대략 97km밖에 안 되지만 낡은 택시로 산길을 오르내리려면 두 시간 이상은 잡아야 한다. 게다가 꾸스꼬와 오얀따이땀보 사이에 있는 유적지들을 둘러보고 갈 계획이라 오늘은 하루가 바쁘게 돌아갈 것 같다.

오늘 함께하는 기사는 목적지 중 하나인 삐삭Pisac 출신의 랄로Ralo다. 안또니오라는 내 스페인식 이름 때문에 우리는 금방 친구가 된다. 택시는 삭사이와망을 지나 꾸스꼬 외곽의 작은 시골 마을에 들어선다. 흙벽돌이 마을 주변 곳곳에 쌓여 있다. 안데스의 사람들은 이 땅에서 농사를 지으며 땅이 주는 흙으로 벽돌을 만들어 집을 짓고 그 안에서 살아간다. 여유가 있는 사람이라고 해봤자 흙벽에 하얀 회칠을 하는 정도다. 흙에서 태어나서 흙과 함께 살다가 흙으로 돌아가는 사람들이 바로 이곳 사람들이다.

꾸스꼬를 떠난 지 삼십여 분 만에 삐삭에 도착. 해발고도 3,350m에 있는 삐삭은 원형이 비교적 많이 남아 있다. 잉카 시대에 꾸스꼬의 위성도시였을 것으로 추측되는 삐삭은 태양을 이용한 달력, 묘지, 계단식 밭과 전망대, 태양의 신전 등을 갖추고 있다. 규모가 결코 작지 않은 유적지는 산허리와 산등성을 따라 길게 이어진다. 유적지 입구에서 가장 높은 곳까지는 100여 미터를 올라가야 한다. 말이 100미터지, 고산에서 100미터를 더 오른다는 것은 쉬운 일이 아니다. 게다가 아침부터 내리쬐는 따가운 햇볕 때문에 온몸은 땀으로

삐삭의 유적지

끈적거린다. 시원하게 샤워라도 했으면 하는 마음이 간절하다.

정상에 서자 삐삭 마을과 우르밤바 강Rio Urubamba, 잉카의 성스러운 계곡Valle Sagrado de los Incas이 한눈에 들어온다. 삐삭 건너편 산허리에 위치한 작은 마을은 유럽의 한 시골 마을처럼 아름답고 평화로운 풍경이다.

삐삭은 유적지보다 마을에 서는 페리아Feria라 부르는 장터로 더 유명하다. 예전에는 화요일과 목요일, 일요일에만 상이 열려 원주민들끼리의 물물교환만이 가능했지만 지금은 상설 시장이 되었다. 그 명성에 걸맞게 시장 주변은 관광객들을 태우고 온 버스로 가득하다.

마을 광장을 중심으로 펼쳐지는 장은 오전 9시경에 문을 연다. 푸른 야채며 갖가지 생선, 화려한 민속공예품 등 다양한 물건을 판매한다. 그리고 이끼또스에서 맛본 치차모라다도 보인다. 그 달콤한 맛의 기억에 끌려 이른 점심을

먹기로 한다. 치차모라다 한 잔과 작은 **케이크** 하나를 시키고, 옆에 있는 포장마차에서 이 지역에서 나는 '초끌로Choclo'라는 옥수수도 하나 산다. 커다란 초끌로는 알갱이가 하나하나가 작은 포도송이만큼 커서 먹기조차 부담스러울 정도다.

먹을거리를 잔뜩 차려 놓고 뿌듯해하고 있으니 치차모라다를 파는 아주머니가 "혹시, 한국 사람이세요?"라고 물으며 반가워한다. 한국 드라마를 봤는데 매우 재미있고 주인공도 잘생겼다고 입에서 칭찬이 쏟아진다. 이 먼 페루의 깊은 안데스 산골의 아낙네까지 우리나라 드라마를 알고 있다니! 신기하면서도 반갑다. 아주머니가 본 드라마는 스페인어로 '에스깔레라 데 씨엘로Escalera de Cielo', 한류의 주역인 권상우와 최지우가 주연한 〈천국의 계단〉이었다. 그러고 보니 리마의 호텔에서 스페인어 자막이 나오는 〈장화홍련〉을 본 기억도 난다.

페루의 일본인 대통령이었던 후지모리의 영향일까 아니면 같은 몽골리언으로서 피가 당기는 것일까. 드라마와 주인공에 대한 이런저런 이야기를 하며 살갑게 대해 주는 아주머니, 그리고 시장 한쪽에 있는 옥수수 뻥튀기를 보니 우리나라의 시골 마을에 와 있는 기분이다.

초끌로로 든든해진 배를 두드리며 시장의 다른 곳을 둘러본다. 시장 중앙을 제외하고는 대부분 민예품 상점들로 알빠까나 양털로 만든 화려한 색의 민예품들이 관광객들의 눈길을 사로잡고 있다. 메마른 땅에 사는 사람들이라 그런 걸까? 유독 붉고 노란 옷과 직물들이 많이 눈에 띈다. 이곳 사람들이야 값싼 야채를 파는 것보다 관광객들에게 모자 하나를 파는 것이 더 많은 수입을 올릴 수 있어서 좋겠지만 이들의 생활을 엿보고 연필로 빵을 살 수 있는 물물교환 시장이 사라진 것은 못내 아쉽다. 하지만 그것은 내 욕심일 뿐! 내 색다른 경험보다 그들이 더 나은 수입으로 여유 있는 생활을 꾸려 갈 수 있다면 그게 더 바람직한 것이라 생각하며 위안을 삼는다.

∧ 알갱이가 유난히도 큰 초끌로
∨ 삐삭 마을의 페리아

배우 권상우의 팬인 아주머니의 배웅을 받으며 모라이Moray로 떠난다. 모라이는 방문객이 많이 찾는 곳은 아니다. 대중교통도 마땅찮고 꾸스꼬에서 자동차로 한 시간 이상 떨어진 곳인 데다 모라이가 아니라도 꾸스꼬 주변에는 관광객을 유혹하는 것이 많기 때문에 인기는 그다지 많지 않다. 그러나 남들이 잘 가지 않는 곳을 가 보는 것도 여행의 묘미가 아니겠는가! 나만이 간직할 수 있는 여행을 생각하며 모라이를 택한다.

고산을 지나 달려온 택시가 바람만 지나는 황량하고 쓸쓸한 언덕 위에 선다. '뭐야? 이게 유적지야? 이러니까 사람들이 잘 찾아오지 않는구나.' 하는 생각이 든다. 아무리 주위를 둘러봐도, 눈을 씻고 봐도 유적지는커녕 그 비슷하게 생긴 것도 보이지 않는다. 랄로에게 "이곳이 유적지가 맞아요?"라고 재차 묻자 나를 언덕 한쪽으로 데리고 간다. 와! 언덕 아래로 꼭꼭 숨어 있던 거대한 모라이 유적이 나타난다.

모라이는 로마의 원형 극장이나 노천 광산과 같은 동심원 모양의 계단처럼 생겼다. 높은 언덕에서 바라본 모라이는 금방이라도 나를 빨아들일 기세다. 이곳은 잉카인의 밭이었다. 차가운 안데스의 바람을 피해 산을 병풍처럼 두른 이곳을 움푹하게 파서 작물을 재배한 것이다. 잉카의 농업 기술은 매우 뛰어나 제국 전체를 먹여 살릴 수 있을 정도였다. 일반적으로 옥수수 같은 작물은 아래쪽에, 감자 같은 구근 작물은 위쪽 계단에서 재배를 했다. 각 층의 높이 차는 대략 사람 키 정도다.

한산한 유적지 한가운데에서 민예품을 파는 아낙이 자리를 지키고 있다. 이곳을 찾는 방문객이 하루에 백여 명 정도밖에 되지 않는다는데, 저 아낙은 종일 뜨거운 햇살에 몸을 맡긴 대가로 얼마를 벌 수 있을까?

모라이의 목가적인 풍경을 뒤로하고 랄로가 추천한 소금 산 쌀리네라스Salineras de Maras에 가기로 한다. 페루를 여행하며 느끼는 것 중 하나는 이곳 사람들은 자신이 태어난 곳에 뿌리를 내리고 사는 경우가 많다는 것이다. 랄로

역시 꾸스꼬를 벗어나 보지 못했다고 한다. 이곳에서 나고 자라 두 아이의 아빠가 되었다. 그러나 랄로는 법적으로는 아직 총각이다. 돈이 없어 결혼식을 치르지 못한 채 살고 있다. 페루에서는 결혼식 비용을 남자가 전부 부담하는데, 시골집 앞마당에서 하는 결혼식이라도 2,000쏠 이상이 들어간다. 랄로가 돈을 하나도 쓰지 않고 서너 달 이상을 모아야 하는 거액이다. 사정이 이렇다 보니 정식으로 부부가 되지 못하고 있다. 하지만 랄로는 내년에는 결혼식을 올릴 수 있을 것 같다며 밝은 표정을 지어 보인다. 랄로에게 "미리 결혼을 축하한다."며 한국에서 가져간 커플 열쇠고리를 선물하자 "외국인에게 처음 받아보는 선물이에요." 하며 환하게 웃는다.

소금 산이 있는 마라스Maras에 들어서자 길에서 히치하이킹을 하려는 아이들이 자주 눈에 띈다. 저 아이들은 다 누구냐 물으니 랄로가 학교에 가는 아이들이라고 알려 준다. 안데스에는 작은 마을이 넓게 흩어져 있어서 학교에 가려면 한 시간 이상을 걸어가야 한단다. 랄로도 어렸을 때 걷는 게 너무 힘들어서 학교에 다니기 싫었을 정도였다고 한다.

택시는 가파른 산허리에 놓인 아슬아슬한 비포장도로를 지나 소금 산에 도착한다. 황토빛깔의 계곡 사이를 가득 메운 새하얀 세상이 펼쳐진다. 산비탈은 한겨울 눈이 쌓인듯 하얀 소금으로 가득하다. 염전에 대해 기존에 알고 있던 상식의 벽이 깨지는 순간이다. 산에 염전이 있다는 것에 처음에는 의구심을 많이 가졌는데, 지금 내 눈앞에 새하얀 소금으로 뒤덮인 염전이 있다. 신기할 뿐이다. 이곳에서 나는 소금은 옛날 방식 그대로 생산되며 미네랄이 풍부하다고 한다.

땅속 깊은 곳에서부터 시작된 작은 개울이 안데스의 뜨거운 태양과 만나 소금으로 변하는데 이곳의 소금은 잉카인들에게는 '태양의 선물'이라고 불릴 정도로 귀한 국가 자원이었다. 잉카인들이 먼 바다까지 가서 소금을 구해 오기 어려워 만들어 놓은 산중 염전, 잉카인들의 지혜와 의지가 정말 대단하다.

∧ 안데스의 바람을 피해 만든 모라이 유적 ∨ 옛 방식 그대로 소금을 생산하는 마라스 염전

:: 하늘과 맞닿은
밭

소금 산을 떠난 택시는 계단식 밭이 되어 버린 벌거숭이 산과 안데스의 푸른 바람을 스치며, 성스러운 계곡의 중심부에 위치한 오얀따이땀보에 도착한다. 이곳은 공중도시 마추 삐추로 가는 기차가 출발하는 곳으로 많은 여행객들이 모여들어 다른 곳보다 번화하다. 랄로는 마을 광장에 나를 내려 준다. 길가에 철퍼덕 주저앉아 담배 한 대를 피워 물려고 하는데 랄로가 천천히 다가와 곁에 앉는다. 잠시 동안 우리는 아무 말 없이 앉아 오가는 사람들을 구경한다. 운전하랴, 가이드 해 주랴, 힘든 하루를 보낸 랄로는 꾸스꼬나 삐삭으로 갈 승객을 찾을 생각도 하지 않는다. 아마도 많이 피곤한가 보다. 짧은 하루였지만 랄로와 이런저런 많은 이야기를 나누었다. 안데스 이야기, 각자의 가족 이야기……. 다 피운 담배를 툭툭 털며 오얀따이땀보의 유적지로 가기 위해 일어선 나는 몇 번이나 랄로와 삭별의 악수를 나눈다. 마치 오랫동안 알고 지낸 친구와 아쉽게 헤어지는듯이! 골목길에 접어들기 전 뒤돌아보니 랄로는 여전히 그곳에 서서 손을 흔들어 준다. 나도 다시 한 번 손을 흔들어 보인다. 삶은 힘들지만 따스한 정을 간직한 채 살아가는 안데스의 사람들, 그들의 환하게 웃는 얼굴과 선한 눈망울 때

오얀따이땀보의 유적

문에 언젠가는 이들을 만나기 위해 이 메마른 땅을 다시 찾을 것 같다.

잉카 시대 여행객의 숙소나 요새였다는 설이 있는 오얀따이땀보. 아마도 이러한 추정은 께추아어로 '여관'이라는 뜻의 '땀보'라는 말 때문에 생겨났을 것이다. 오얀따이땀보 유적에는 태양의 신전을 비롯해 비밀이 풀리지 않은 석상들이 있어 제례 의식 장소나 마추 삐추를 방어하는 군사적 요충지였을 것으로 짐작된다.

마을 가장자리에 있는 오얀따이땀보 유적 입구에 서자 하늘에 닿을 듯이 높은 계단식 밭이 까마득하게 이어진다. 무거운 배낭을 짊어지고 150m나 되는 높이를 올라갈 엄두가 나지 않아 관광 안내소에 배낭을 맡기고 신발 끈을 다시 동여맨다. 유적의 가장 높은 곳까지 뻗어 있는 300개의 계단을 오르려니 숨이 턱까지 차오른다. 3,000m가 넘는 해발고도로 머리도 어지러운 데다 45도는 됨직한 경사까지 내 발목을 잡는다. 땀을 식혀 주는 바람마저 없다면 주저앉고 말 것이다.

겨우 정상에 올라서자, 가파른 산을 호위병처럼 거느린 오얀따이땀보 마을이 펼쳐진다. 경사가 60도쯤 되어 보이는 산 중턱에는 석벽으로 된 잉카의 유적이 보란 듯이 서 있다. 맨몸으로 걸어서 오르는 것도 만만찮은데, 맞은편 강가에서부터 붉은 화강암들을 끌어와 이렇게 경사가 심한 산비탈에 건물을 지어 놓았다니. 잉카의 건축술에 다시 한 번 놀라움을 금치 못한다. 그것도 돌하나의 무게가 42톤에 달한다고 하니 더욱 놀랍다.

감탄을 연발하고 있는 사이, 산마루에 걸린 태양이 그 열기를 식히자 안데스의 기온이 뚝 떨어진다. 춥다. 부르르! 몸을 떨게 하는 차가운 바람이 이제 돌아갈 때임을 알려 준다. 기차 시간도 다 되고 따뜻한 커피 한 잔도 생각나 오얀따이땀보 역으로 향한다.

역 앞에 길게 늘어선 포장마차에서 커피 한 잔을 시켜 추위를 녹이며 기차를 기다린다. 여행하면서 마시는 커피는 언제나 바쁜 여정에 잠시나마 휴식과

마추 삐추를 위한 마지막 관문이기도 한 오얀따이땀보

여유를 전하며, 그 진한 향에 담긴 이국의 정취는 새로운 향으로 다가와 추억이 된다. 거리는 점점 세상 곳곳에서 모여든 사람들로 북적이고 포장마차 주인의 손길도 덩달아 바쁘게 움직인다. 기차 시간이 다가올수록 마음도 같이 부풀어오른다.

이윽고 '빠~앙!' 하는 소리로 역 주변에 있는 사람들에게 신호를 보내며, 안데스의 하늘을 닮은 파란 기차가 서서히 늘어온다. 부푼 기대를 잔뜩 안고 재빠르게 기차에 올라탄다. 나는 드디어 페루인의 영혼의 고향인 마추 삐추로 간다!

우르밤바 강을 끼고 달리는 기차는 느린 걸음으로 언덕을 오른다. 아구아 깔리엔떼에 도착하니 한밤중이 되어 버린다. 오얀따이땀보에서 아구아 깔리엔떼까지의 거리는 30km가 채 안 되지만 시속 20km로 달려온, 아니 아마존

마추 삐추로 향하는 기차

정글에서 만난 나무늘보처럼 기듯이 온 파란 기차로는 한 시간 반이나 걸렸다. 역 앞은 예약 손님을 기다리는 호텔 직원들과 사람들로 가득하다. 비수기와 성수기의 구분이 없는 이곳은 예약을 하지 않으면 방을 구하기가 쉽지 않은 곳이다. 다른 지역에서 본 호객꾼들은 찾아볼 수 없다.

역을 나서 작은 광장에 서자 휘황찬란한 불빛을 밝히고 있는 산중 마을의 카페와 주점, 식당들이 나를 중심으로 빙빙 돌고 있다. 그 뒤로 높디높은 산들이 마을을 병풍처럼 두르고 서 있다. 저 검은 산 어디엔가 있을 마추 삐추를 생각하니 두근두근 마음이 설레고 내일이 기다려진다. 아! 내일의 태양아, 지금 솟아올라와 주면 안 되겠니!

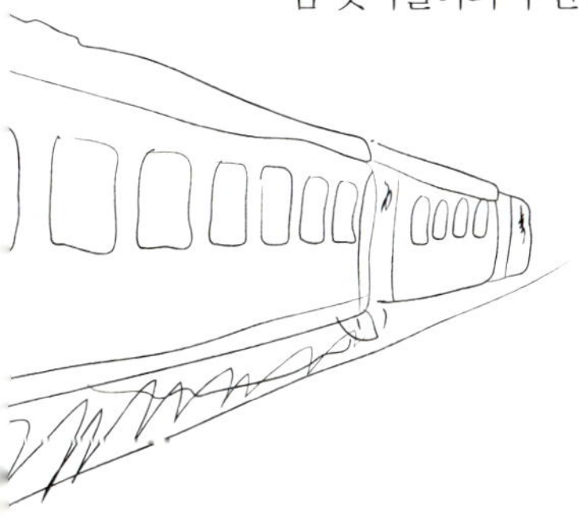

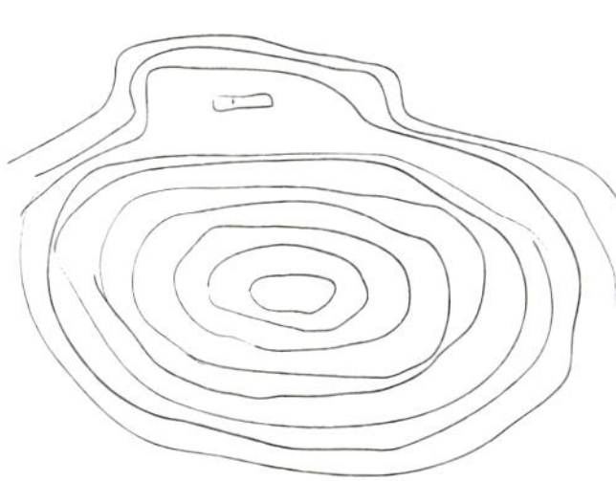

왜 페루 화폐단위는 솔일까?

아르헨티나, 칠레, 멕시코 등 페루 주변에 있는 남미의 많은 나라들이 대부분 화폐단위로 '페소'를 사용하고 있는데 오직 페루만이 쏠Sol을 사용하고 있다.

현재 페루 화폐단위의 공식 명칭은 누에보 쏠Noevo Sol로 '새로운 태양'이라는 의미를 지니고 있다. 이전에 사용하던 쏠이라는 단위 대신에 새롭다는 뜻의 누에보를 붙인 것인데 일반적으로 쏠로 통용된다.

그러나 지금 통용되는 쏠과 1970~1980년대에 사용된 쏠은 다르다. 1985년부터 1990년까지 페루의 화폐단위는 께추아어로 '하늘'이라는 뜻의 인띠Inti였다. 그런데 알란 가르시아 정부 시절, 매일 같이 수직 상승하는 인플레이션은 무려 7,000%를 넘기에 이르렀고 경제는 엉망이 되었다. 그래서 더 이상 인띠라는 단위를 사용할 수 없었고 새로운 후지모리 정권이 들어서면서 이전에 사용하던 쏠을 다시 채택하게 되었다. 대신에 이전 단위와 구분하기 위해 누에보라는 말을 덧붙이게 되었다. 5쏠까지는 동전으로 되어 있으며 10쏠부터 지폐로 되어 있다.

또한 페루는 페루 화폐를 사용할 뿐만 아니라 나라 전체가 미국의 달러를 일상 속에서 사용하고 있다. 관공서를 비롯해 전기, 수도 등 공공요금은 쏠을 사용하지만 백화점이나, 레스토랑, 대형 마트, 패스트 푸드점과 같은 곳에서는 달러가 빈번하게 오가고 있다. 까사 데 깜비오Casa de Cambio라 불리는 환전소나 환전상이 거리 곳곳에 있어서 달러를 환전하기도 쉽다. 따라서 페루에 상주하는 외국인이나 외국 관광객들은 돈을 사용할 때에 그다지 큰 불편함이 없다.

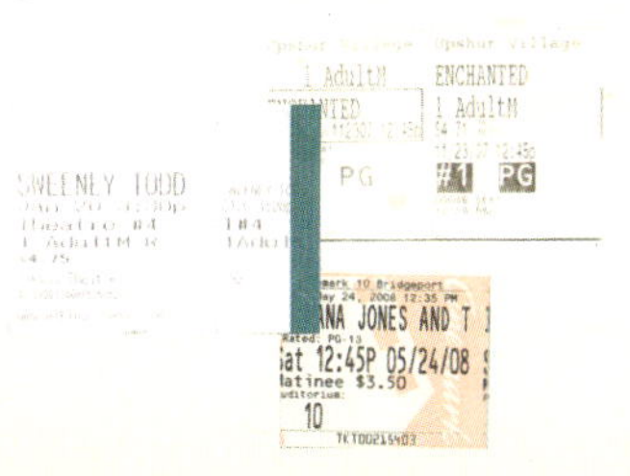

6장

마추 삐추
MACHU PICCHU

우주인이 살았을 듯한 잉카의 공중도시.

이 엄청난 도시를 짓기 위해 얼마나 많은 이들의 손발이 필요했을까.

현대 기술로도 흉내 내기 어려울 만큼 단단한 석벽과 건물들,

그리고 계단과 길을 만드는 데 쓰인 엄청난 양의 돌들과

지금도 마르지 않고 솟아 흐르는 샘 등

마추 삐추의 신비와 경이로움이 꼬리에 꼬리를 물고 이어진다.

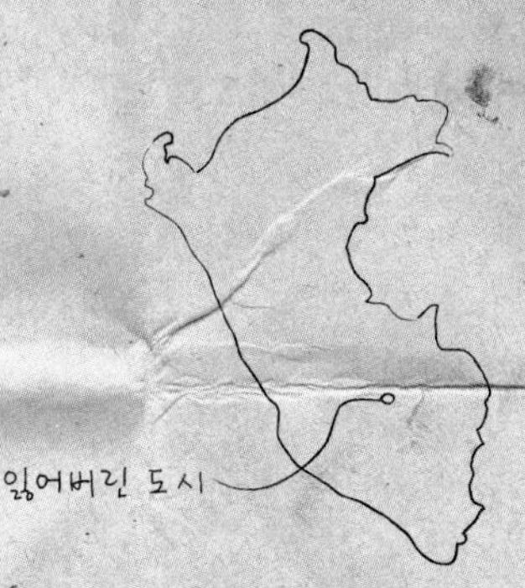

:: 경이로움 그 자체
마추 삐추

여행의 진정한 묘미는 떠나기 전의 설렘이라 했던가! 몸은 이미 페루에 와 있지만 내 가슴 속은 마추 삐추에 대한 환상으로 가득 차 있다. 페루로 떠나오기 직전의 그 설렘처럼 빠르게 두근거리는 마음을 안고 애써 잠을 청해본다. 잠에서 깨어나면 드디어 마추 삐추를 내 두 눈으로 직접 마주할 수 있게 되리라. 그런데 몇 시나 됐을까. 투둑투둑 투두둑! 양철 지붕을 두드리는 거친 빗소리에 잠이 깬다. 가슴이 덜컹 내려앉는다. 마을 사이로 흐르는 강물 소리가 거대한 폭포처럼 요란하다. 걱정스러운 마음에 창문을 열어 보니 운무가 흘러 마을이 어슴푸레하다. 차가운 구름이 방안으로 밀려들어와 온몸을 감싸는 것처럼 으슬으슬하다. 설마 그렇게도 보고 싶어 한 마추 삐추를 못 보는 것은 아니겠지!

아직 이른 시간, 어제의 그 설렘 때문인지 아니면 거친 빗소리 때문인지 잠이 다 달아나 버려서 일찍부터 밖을 나설 채비를 한다. 호텔을 나서니 비는 다행히도 많이 잦아들었다. 아구아 깔리엔떼에서 마추 삐추로 가는 첫차는 다섯 시 반에 출발한다. 버스 정류장 주변에서는 벌써부터 부지런한 아낙이 나와 꺼피와 삥을 팔고 있나. 신한 거삐 양과 구수한 빵 냄새가 아침을 깨운다. 따뜻한 커피 한 잔으로 차가운 몸을 녹이며 버스에 오른다. 마추 삐추의 개장 시간은 일곱 시지만 하루에 이백 명으로 입장객을 제한하는 와이나 삐추_{Wayna Picchu}에 가기 위해 새벽 잠을 설친 사람들로 버스가 금방 채워진다.

마추 삐추행 첫차의 시동이 걸리고 이내 마

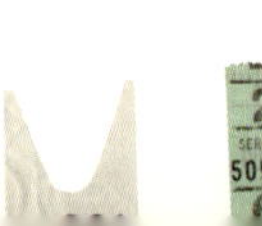

마추 삐추로 향하는 버스

을을 벗어난다. 창밖으로 올려다 본 '늙은 산' 마추 삐추와 '젊은 산' 와이나 삐추는 구름 속에 완전히 갇혀 있어 신비로움과 궁금증을 더욱 자아낸다. 버스는 구불구불한 산길을 타고 구름을 헤치며 산을 오른다. 이 도로의 이름은 마추 삐추를 발견한 하이램 빙엄Hiram Bingham의 이름을 따서 사용하고 있다. 아찔한 비탈 아래로 우르밤바 강이 거칠게 흐르고 있다.

구름 사이로 해발 2,490m에 있는 거대한 공중도시가 잠깐씩 얼굴을 내밀었다가 사라지곤 한다. 1911년 마추 삐추 탐험에 나선 미국의 고고학자 하이램 빙엄의 심정이 이랬을까. 잉카의 역사와 민족에 심취해 있던 빙엄은 '사라진 도시', '전실의 도시'를 찾아 꾸스꼬에 왔고 삽풀로 무거쳐 폐허가 되어 있는 이 도시를 세상 속으로 다시 부활시켰다. 빙엄은 처음 마추 삐추와 대면했을 때 "경이로움 그 자체!"라는 말 한마디로 모든 감정을 털어놓았다. 더 이상 어떤 화려한 수식어가 필요하겠는가! 그리고 발굴을 거듭해 마추 삐추가 얼굴을 더 드러낼수록 잉카에 대한 경이로움은 더해 갔다. 그러나 빙엄이 마추 삐추를 세상 밖으로 꺼내기 이전에도 잉카의 후예들은 그곳의 존재를 알고 있

었다. 마치 콜럼버스가 아메리카 대륙을 발견하기 전에 이미 그곳에는 원주
민들이 살고 있었던 것처럼.

빙엄은 어린 잉카 후예의 안내를 받아가며 계단식 밭을 기듯 올라가 마침내
마추 삐추에 당도했다. 그리고 유적을 뒤덮고 있는 이끼를 하나씩 걷어 내고
이 전설의 도시를 상품으로 탈바꿈했다. 빙엄은 마추 삐추를 발견하고 이곳
이 잉카 시대의 비밀 도시인 빌카밤바Vilcabamba라고 생각했다. 하지만 황금은
발견되지 않았고 마추 삐추보다 더 깊은 오지에 빌카밤바가 있을 것이라는
결론을 지었다. 훗날 빙엄이 마추 삐추의 발견을 통해 부를 얻었는지는 알 수
없으나 몇 년 전까지만 해도 마추 삐추를 관리하고 그 수입을 챙긴 것은 페루
가 아니라 외국의 회사였다고 한다. 현재 마추 삐추는 페루 관광청INC, Instituto

마추 삐추로 오르는 길

의 소유가 되었지만, 이곳에 오기 위해 거금을 내고 타야하는 기차는 여전히 영국 기업이 독점으로 운영하고 있다.

잉카의 잃어버린 도시 마추 삐추는 400년이 넘는 오랜 시간 동안 사라져 있었던 것만큼이나 수많은 비밀을 간직하고 있다. 빙엄은 이곳이 제례를 위한 사원이었을 것이라고 주장했다. 다른 이는 이 도시가 스페인 식민지 시절 잉카인들이 마지막 은신처로 썼던 발카밤바로이며 이곳에서 잉카인들이 스페인인들에게 복수하기 위해 칼날을 갈았다 말하기도 한다. 그리고 또 다른 학

자들은 젊은 여성들을 위한 수도원이나 왕을 위한 특별한 휴식처였다고 추측
하기도 한다.

마추 삐추가 세워진 시기는 잉카 제국의 10대 왕조인 뚜빡 잉카 유빤끼Tupac
Inca Yupanqui 시대일 것으로 추정된다. 그러나 다른 한편에서는 마추 삐추가 잉
카 문명보다 600년 전인 800년경에 세워졌다가 허물어졌고, 스페인의 침략
과 함께 유빤끼 시대에 재건되었다는 주장도 있다. 스페인인들의 침략 후에
페루의 많은 도시와 유적들이 파괴되었지만 마추 삐추는 깊은 산 정상에 꼭
꼭 숨겨져 있어 그들의 공격을 피할 수 있었다. 덕분에 마추 삐추의 유적은
비교적 잘 보존되어 있는 편이다. 침략자들에 의해 사라진 많은 유적 중 하나
가 되지 않고 이렇게 다시금 발견되어 잉카인들의 슬픈 역사를 증언할 수 있

게 된 것이 얼마나 다행인지 모른다. 이뿐만 아니라 마추 삐추는 1983년 유네스코 자연유산으로 등재되어 세계적으로도 그 가치를 더하고 있다.

한참을 기다린 끝에 비밀의 세계로 들어가는 문이 열리고 마침내 잉카의 마지막 도시 마추 삐추가 그 장엄한 모습을 드러낸다. 내 눈앞에 찬란한 잉카 제국이 펼쳐져 있다. 그토록 보고 싶어 했던 마추 삐추를 마주하니 가슴이 다시 두근두근 뛰기 시작한다. 구름은 물결치듯이 마추 삐추를 타고 넘어간다. 공중도시에 흐르는 구름은 장관을 연출한다. 마치 하늘의 정원, 천국의 사원을 거니는 듯한 기분! 총 면적이 약 5km²로 반 정도가 경사면으로 되어 있고 주위는 요새처럼 성벽으로 둘러싸여 있다. 그 뒤에 있을 와이나 삐추는 구름에 완전히 둘러싸여 보이지도 않는다. 어느새 큰 구름이 몰려와 마추 삐추를 삼키자 와이나 삐추는 잠시 제 모습을 드러낸다.

구름이 지날 때마다 잦아들었던 빗방울이 점점 굵어진다. 이끼또스 정글에서 카메라가 흠뻑 젖어 제대로 작동하지 않은 기억 때문에 선뜻 카메라를 꺼내지 못한다. 대신 눈과 마음으로 마추 삐추의 풍경을 한 컷 한 컷 정성껏 담는다. 밀려오는 구름처럼 관광객들이 끊임없이 몰려오기에 얼른 와이나 삐추로 향한다. 선착순 200명에 들지 못하면 몇 날 며칠을 걸려 이곳까지 온 것이 허사가 되기 때문이다. 바쁜 걸음으로 마추 삐추를 가로질러 와이나 삐추의 입구에 도착하니 기다리는 줄이 제법 길다. 입구에서는 지금 올라가려는 사람과 10시에 입장하려는 사람으로 구분해 번호표를 나눠 준다. 비 때문에 제대로 마추 삐추를 돌아보기 어려울 것 같으니 와이나 삐추에 먼저 가 보기로 한다.

의식용으로 사용하던 거대한 돌 로까 쎄레모니알Roca Ceremonial이 서 있는 입구를 통과하자 우리네 여름 산 같은 친근한 숲길이 열린다. 그 길을 지나 작은 산 하나를 넘으니 구름 걷힌 와이나 삐추가 버티고 있다. 와이나 삐추는 산이라기보다 하늘로 솟은 절벽에 가까울 만큼 가파르다. 비와 구름이 변화무쌍하게 조화를 부리고 있어서 고개를 들 때마다 다른 모습을 보여 준다.

∧ 마추 삐추 유적   ∨ 마추 삐추의 계단식 밭

마추 삐추
⩗
187

와이나 삐추

와이나 삐추를 향해 뻗어 있는 작고 좁은 돌계단을 하나씩 디디며 정상을 향해 올라간다. 와이나 삐추로 가는 길은 지리산 능선을 타고 천왕봉에 오르는 길과 비슷한 느낌이다. 작은 봉우리에 오르면 내리막길이 기다리고 있고, 그 끝에서 다시 오르막길이 시작된다. 그러기를 삼십여 분. 판초(우비)는 땀과 비로 안팎이 이미 다 젖었다. 와이나 삐추도 좋고 마추 삐추도 좋지만 지금은 끈적거리는 몸이 찝찝하게 느껴질 뿐이다.

비구름에 지친 것이 나뿐만은 아닌 모양이다. 고스란히 비를 맞으면서도 가파른 계단 중간에 앉아 쉬는 여행객들이 자주 눈에 띈다. 구름에 갇혀 지나온 길도, 가야 할 길도 보이지 않는 답답함. 그러나 얼마나 기대한 마추 삐추던가! 땀과 비가 내 걸음을 막을 수는 없다. 고산병을 이겨내도록 꼬까 차를 한 잔 마시고 다시 힘을 내어 앞으로, 앞으로! 산 아래로 구름이 춤추듯이 마추 삐추를 타고 넘어간다. 여전히 판초에서는 빗방울이 줄줄 흐른다. 마침내 구름 사이를 비집고 와이나 삐추의 성벽이 모습을 드러낸다. 정상에 서니 거칠게 몰아치는 비바람에 천 길 낭떠러지 아래로 내동댕이쳐질 것만 같다.

비에 젖은 바위 위에 조심스럽게 올라 마추 삐추를 내려다본다. 마추 삐추를 가장 아름답게 볼 수 있는 곳이지만 발아래는 온통 구름뿐이다. 커다란 바위 사이에 숨어 조금이라도 구름이 걷히길 기다리고 있자니, 매번 비와 싸워야 하는 신세가 처량하다. 계절상 건기인 것이 분명한데 리마에서 시작된 비구름은 이끼또스 정글, 마추 삐추까지 나를 따라와 괴롭힌다. 조금 전까지만 해도 멋있는 장관을 연출하던 구름인데 지금은 얄밉기만 하다.

가파른 경사를 이겨가며 험한 산길을 뚫고 와이나 삐추에 올라온 사람들 대부분은 실망감을 감추지 못하며 이내 발걸음을 되돌린다. 고작 비구름을 보기 위해 땀 흘리는 고생을 하며 이곳까지 왔단 말인가! 속이 무척 상한다. 여기는 지금 봄날이라고는 하지만, 손이 곱을 만큼 차디찬 비바람 때문에 나 역시 더 이상 견디지 못하고 아쉬움만 남겨 둔 채 와이나 삐추를 떠난다.

:: 마추 삐추 최고의 건축물
신전

마추 삐추로 내려오니 빗방울은 많이 가늘어지고 있었고 푸른 하늘이 잠깐씩 모습을 드러내기도 한다. 그나마 아침보다는 한층 좋아진 날씨에 감사하며 본격적인 마추 삐추 탐험에 나선다.

마추 삐추는 크게 주거지Reciento Principal와 농지Zona Agricola, 그리고 신전Sector de los Templos으로 나뉘어 있다.

200여 개의 건물이 남아 있는 주거지는 상류층이 살던 중앙 광장Plaza Principal 주변과 벼랑 가까운 곳이나 계단식 밭과 인접해 있는 일반인 주거지로 나뉜다. 집과 집 사이의 길은 미로처럼 얽혀 중앙 광장이나 산 아래를 향해 뻗어 있다. 귀족 거주 지역에 들어서자 세 개의 문이 있는 집에 돌절구로 이용한 것으로 보이는 직경 60cm 크기의 둥근 돌 두 개가 나란히 놓여 있다.

농지는 계단식 밭으로 만들어졌는데 마추 삐추 주변을 에두르고 있다. 그 거대한 규모에 압도당하고 만다. 어떤 곳은 조금만 발을 헛디뎌도 깊은 계곡으로 떨어질 것 같은 벼랑 가장자리에 있다. 재배가 가능한 곳이라면 그게 어디든지 찾아가 밭을 만든 것 같은 인상을 준다. 잉카인들은 이 밭에서 감자, 옥수수, 유카 등 200여 종의 작물을 재배했다고 한다. 농사를 짓는 데 필요한 물은 수로를 통해 농지로 전달되는데, 능선을 따라 수원지Fuente Principal로부터 끌어온 물은 17개의 '물 긷는 곳'에서 쏟아진다. 잉카인들의 관개용 수로 기술은 현대인도 따라하기 어려울 정도로 정말 대단하다.

신전은 '태양의 신전Templo del Sol'과 '세 창문의 신전Templo de las Tres Ventanas'이 대표적이다. 태양의 신전은 자연석 위에 석조 건물을 세운 것으로 마추 삐추 최고의 건축물이다. 젖은 모래에 돌을 비벼 다듬은 후에 쌓았다는 석조 건물은 면도날 하나 들어가기 어려울 정도로 정교하다. 전설에 의하면 12월 22일 태양의 문에서 태양이 뜨면 그 빛이 '태양의 신전' 속 창을 통해 정확히 들어왔다고 한다. 잉카인들은 이 햇빛의 강도를 통해 건기와 우기를, 그리고 그림자를 통해 동지와 하지의 정확한 시기를 파악하고, 파종 시기와 수확 시기를 결정하였다고 한다. 또한 동쪽으로 난 두 개의 창은 금과 은으로 장식되어 있었다고 한다.

'세 창문의 신전'은 '신관의 저택', '주신전'과 함께 '신성한 광장'에 위치하고 있

가장 높은 곳에 있는 잉카의 초소는 항상 여행객들로 분주하다.

다. '세 창문의 신전'은 잉카 기원신화 중 하나를 상징하고 있다. 창조의 신 비라꼬차Viracocha의 명을 받은 여덟 명의 형제자매가 어느 집 세 개의 창문을 통해 세상 밖으로 나왔는데 그중 한 명이 훗날 잉카의 초대 왕인 망꼬 까빡Manco Capac이 되었다는 내용이다. '주신전'은 다각형의 돌로 지어졌으며, 세 방향을 둘러싼 벽에는 17개의 홈이 늘어서 있다.

이 엄청난 도시를 짓기 위해 얼마나 많은 이들의 손발이 필요했을까. 현대 기술로도 흉내 내기 어려울 만큼 단단한 석벽과 건물들, 그리고 계단과 길을 만드는 데 쓰인 엄청난 양의 돌들과 지금도 마르지 않고 솟아 흐르는 샘 등 마

마추 삐추의 길은 주거지 사이사이로 거미줄처럼 얽혀 있다.

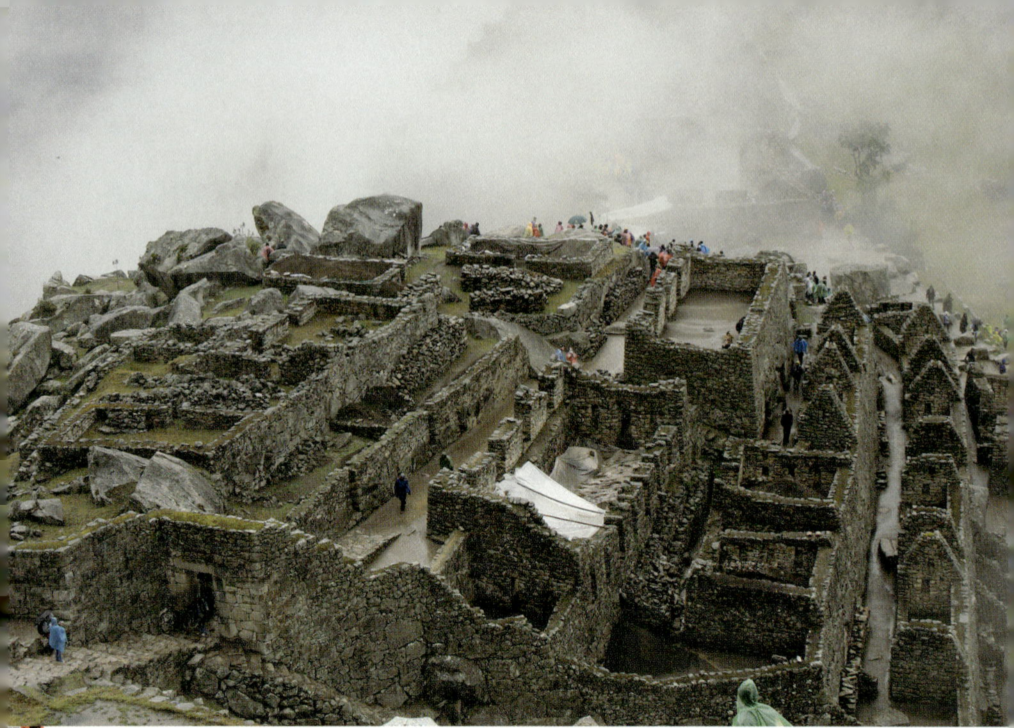

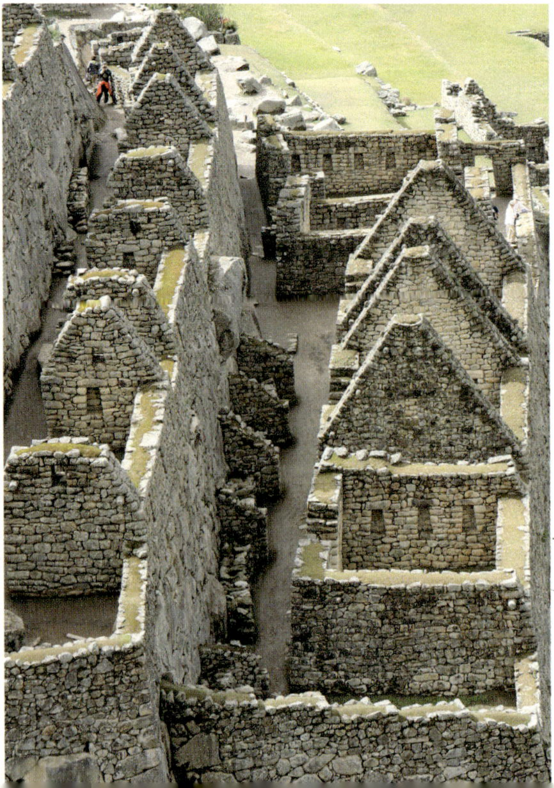

마추 삐추 신전 유적

매년마다 많은 이들이
마추 삐추를 방문하고 있는 만큼
적절한 보호 조치가 취해지지 않는다면
지금 남아 있는 모습조차 유지하지
못할 수도 있다는 걸 빨리 알아차리고
이에 맞는 적극적인 조치를 취해야 한다.

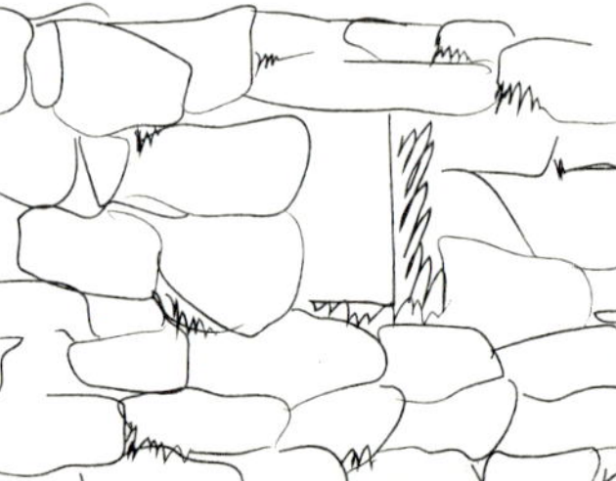

추 삐추의 신비와 경이로움이 꼬리에 꼬리를 물고 이어진다.

오후가 되자 해가 쨍하고 나타난다. 일찍 좀 갤 것이지! 시계를 보니 오후 세 시, 마추 삐추가 문을 닫는 시간까지는 두 시간이 남았다. 언제 다시 구름이 밀려올지 몰라 가장 높은 곳에 있는 잉카의 초소Recinto Del Guardián로 향한다. 초소에는 마추 삐추의 전경을 담고 싶어 하는 사람들이 길게 늘어서서 열심히 카메라 셔터를 누르고 있다.

끊임없이 산을 타고 넘나드는 심술궂은 구름 사이로 마추 삐추가 제 모습을 드러낸다. 비에 젖은 신전 곳곳에는 하얀 비닐이 흉물스럽게 덮여 있다. 매일 이천 명이 넘는 방문객을 받자니 몸살이 난 모양이다.

비닐 속에 몸을 숨긴 채로 아픈 상처를 치료받는 곳도 있지만, 회복이 불가능한 상처도 곳곳에 남아 있다. 중앙 광장에 있었다는 거대한 비석은 헬리콥터 착륙장을 만드는 와중에 부서져 아예 땅속에 파묻히고 말았다. 또 방송국 카메라 크레인이 넘어지면서 인띠우아따나Intihuatana라고 불리는 높이 1.8m짜리 해시계의 한쪽 기둥이 부서지기도 했다. 가장 심각한 것은 수많은 방문객의 무게 때문에 마추 삐추의 지반이 조금씩 내려앉고 있다는 것! 이러다 마추 삐추가 땅속으로 묻혀 버려 다시금 '사라진 도시'가 되어 버리는 것은 아닌지 모르겠다.

마추 삐추를 아끼는 사람 중에는 입장료를 더 비싸게 받아 방문객 수를 줄여야 한다는 사람도 있다. 하지만 입장료가 두세 배 더 오른다고 해서 이 신비한 공중도시를 볼 수 있는 기회를 포기할 사람이 얼마나 있겠는가! 마추 삐추에는 결코 돈으로는 환산할 수 없는 경이로움이 가득하니 말이다!

마추 삐추

버스보다 빠른 소년이 있다고?

원주민 소년들이 마추 삐추를 관람하고 내려가는 길과 버스 정류장, 그리고 버스에까지 올라와 관광객들에게 일일이 인사를 한다. 잉카의 전령인 챠스키를 모방한 아이들로 '굿바이 보이Good-bye Boy'라 부른다.

아이들이 내리고 버스가 구불구불한 길을 달려 한 코너를 지난다. 그런데 한 소년이 어느새 달려와 버스 안 관광객들에게 "굿바이!" 하며 인사를 건넨다. 아니 이렇게 빠른 소년이 있다니! 그런데 이런 놀라운 광경은 한 코너를 돌 때마다 일어난다. 참 놀랍고 대단하다. 그리고 아이들은 결국 버스 정류장까지 먼저 내려와 가쁜 숨을 헐떡이며 손을 흔들고 인사를 한다. 그런 모습이 안쓰러워 나는 팁을 건네지 않을 수가 없었는데 이렇게 받은 팁을 아이들은 가족들의 생활비에 보탠다고 한다.

이 소년들이 버스보다 빠른 비결은 바로 구불구불한 길을 가로지르는 샛길! 버스가 구불구불한 도로를 내려올 때 '굿바이 보이'는 이 샛길을 이용해 버스보다 앞서 갈 수 있는 것이다.

그러나 아쉽게도 마추 삐추의 명물이던 '굿바이 보이'는 종적을 감추었다. 어린아이들이 '굿바이 보이'를 하며 돈을 벌기 위해 학업까지 포기하자 정부에서 금지령을 내렸기 때문이다. 그러나 가난과 싸워야 하는 아이들이 좀처럼 이를 포기하지 않자 2005년부터 학교의 장기 휴가 기간에 한해서만 허가하고 있다고 한다.

이 금지령은 분명 아이들의 미래를 걱정하는 정부의 조치일 테지만, 여전히 많은 아이들이 가족의 생계를 위해 학업을 포기하고 있다. 이들은 관광객의 모델이 되기도 하고, 민예품 장사꾼이 되기도 한다. 하루에도 몇 번씩 마추 삐추를 오르내려야 하는 '굿바이 보이'의 피곤한 삶은 아마도 이들 스스로 자청한 것만은 아닐 것이다.

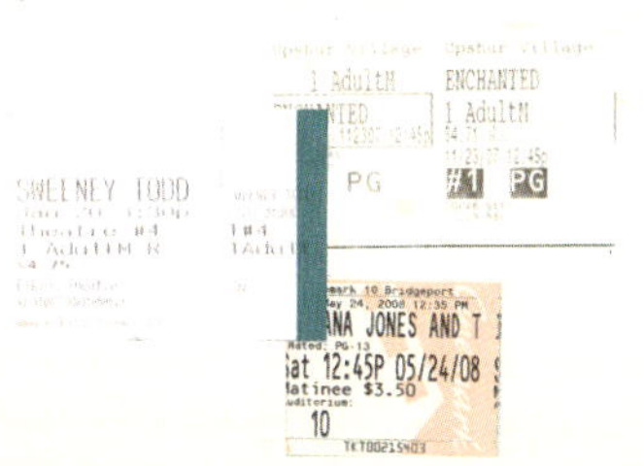

7장

뿌노
PUNO

잉카인들의 마음의 고향인 띠띠까까 호수가 있는 뿌노에 도착한다.
뿌노는 볼리비아를 오가는 관문 도시로 페루의 남부,
안데스 산맥의 중앙에 위치하고 있다.
3,855m나 되는 고산 도시에 서니 벌써부터 머리가 무거워지고
귀에서는 '윙~' 하는 소리가 들리는 듯하다.

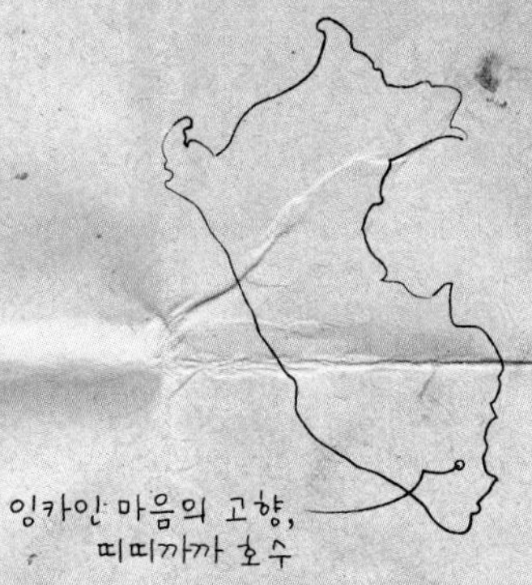

페루의 마지막 여행지로 향한다. 그곳은 꾸스꼬에서 버스로 다섯 시간 거리에 있는 곳, 하늘의 신이 내려온 곳이라는 뿌노Puno의 띠띠까까 호수Lago Titicaca다. 해발 3,820m, 세상 가장 높은 곳에 있는 띠띠까까 호수는 잉카인들에게 세상의 근원이 되는 곳이다. 께추아어로 '띠띠'는 퓨마를 뜻하고 '까까'는 호수를 뜻한다.

이 띠띠까까 호수는 우리나라의 백두산 천지처럼 잉카의 창조 신화가 깃들어 있는 곳이다. 창조의 신 비라꼬차가 시간과 공간에서 나와 띠띠까까 호수에 그 모습을 드러내고 최초의 인류를 탄생시켰다. 그러나 인간은 신의 노여움을 사서 돌로 변해 버리고 만다. 훗날 신은 띠띠까까 호수에 다시 나타나 호수의 한 섬에 태양과 달, 그리고 별을 불러들여 두 번째 창조를 시작했다. 그리고 비라꼬차는 자신이 창조한 인간 중 둘만을 지상에 머무르게 하고 나머지는 지하로 내쫓았다. 이 신화에 의하면 잉카인들은 비라꼬차가 남긴 두 인간의 후예들인 셈이다.

잉카인들의 마음의 고향인 띠띠까까 호수가 있는 뿌노에 도착한다. 뿌노는 볼리비아를 오가는 관문 도시로 페루의 남부의 안데스 산맥의 중앙에 위치하고 있다. 3,855m나 되는 고산 도시에 서니 벌써부터 머리가 무거워지고 귀에서는 '윙' 하는 소리가 들리는 듯하다. 무거운 배낭을 짊어진 채 호텔을 찾아다닐 여력조차 없어 택시 기사가 이끄는 대로 한 호텔에 들어선다.

나를 반갑게 맞는 호텔 주인은 뜬금없이 내게 참 운이 좋다고 한다. 갑자기 무슨 말이지? 어리둥절해 있는데 옆에 있는 택시 기사가 조금 있으면 신명나

921
2
SERIE
50973
6
3
2
1
SERIE
75327
8
7
6
5

화려한 축제 의상들

지금 이 순간 페루

202

는 축제가 시작될 거란다. 페루에 수많은 축제가 있지만 한 번도 보지 못한 것이 못내 아쉬웠는데 참 잘됐다. 호텔 주인이 한 말처럼 기막힌 행운을 만난 셈이다.

뿌노는 민족무용으로 특히 유명한 곳이다. 뿌노 지역의 아이마라족은 농경과 목축, 어업과 수렵 등 그들의 일상적인 생활 속에서 모티브를 얻어 춤을 발전시켰다. 축제 기간 말고는 그들의 제대로 된 춤을 볼 수 있는 기회가 드문데 오늘 그 민족무용을 볼 수 있을지 모르겠다.

무거운 배낭을 방에 팽개치듯 던져 놓고는 거리를 나선다. 요란한 음악 소리가 퍼진다. 벌써 축제를 시작한 모양이다. 한 장면도 놓치기 싫은 마음에 힘차게 달린다. 얼마 가지 못해 갑자기 머릿속이 윙윙거린다. 이런! 고산병 증세가 오는 것 같다. '고산 지대 여행에서의 수칙 하나, 절대로 뛰지 말 것!' 뒤늦게 생각이 난다.

증세를 가라앉히려 숨을 깊게 들이마시고 천천히 내뱉기를 몇 차례 한 후, 천천히 발걸음을 옮긴다. 아르마스 광장 근처에 이르러 만난 축제 행렬. 시작과 끝이 어디인지 보이지 않을 만큼 무척이나 긴 행렬이다. 축제를 즐기러 운집한 시민들 사이를 가르며 화려한 의상을 입은 젊은이들이 흥겨운 퍼레이드를 펼치고 있다. 남미의 열정이 그대로 묻어나는 행렬이다. 이들의 활기찬 스텝으로 거리 전체가 들썩들썩! 축제 의상이 뿜어내는 은빛, 황금빛, 푸른빛으로 번쩍번쩍! 축제에 참가한 젊은이들이나, 구경하는 사람들이나 남녀노소 상관없이 모두 하나가 되

색색의 의상과 신나는 리듬이 어우러진 축제는
남미의 '흥' 그 자체다. 마치 거리 전체가 마차를 탄 것처럼
들썩이는 느낌이다. 퍼레이드 속 사람과 구경하는 사람을
구별할 것 없이 모두 하나가 되어 흥겹게 축제를 즐기고 있다.

축제를 보려고 모여든 사람들

어 이 화려한 시간을 충분히 즐기고 있다.

덩달아 신이 난 나도 어깨춤으로 몸을 들썩이며 행렬을 따라 아르마스 광장에 들어선다. 광장 주변은 축제를 보러 온 많은 시민들로 발 디딜 틈이 없다. 관람석으로 변해 있는 성당 앞 계단은 점심나절부터 자리를 지키고 있는 사람들로 가득 차, 나 하나 비집고 앉을 만한 자리도 보이지 않는다. 그래도 이왕이면 축제를 제대로 보고 싶어 미안함을 무릅쓰고 관람석 앞 도로에 자리를 잡고 앉았다. 여기저기서 따가운 눈총과 함께 낯선 동양인에 대한 호기심 어린 시선이 쏟아진다.

주위 사람들에게 "올라!" 하고 인사하며 쏟아지는 눈총을 대충 얼버무리고는 옆에 앉은 아저씨에게 무슨 축제냐고 말을 건넨다. 엄청난 규모를 보고 잉카의 전통 축제 중 하나쯤으로 생각했는데, 내 예상은 보기 좋게 빗나가고 말았다. 아저씨는 뿌노의 사립 대학교인 UANCV_{Universidad Andina Nestor Caceres de}

끝없이 이어지는 축제 퍼레이드

Velasques의 개교기념일이란다. 한 대학의 개교기념일 행사가 이렇게 화려하고 요란하게 열리다니! 페루에서는 잉카 등 전통문화와 관련한 축제, 각종 종교 행사, 시 창립 축제 등 굉장히 다양한 축제가 곳곳에서 열리는데 대학 개교기념일까지 전통 축제 못지않은 규모로 열리다니, 페루를 가히 '축제의 나라'라 할 만하다. 그리고 뿌노를 '페루 폴끄로레의 수도'라고 부르는 이유도 알 것 같다. 남미의 어느 도시 못지않게 축제가 성대하고 멋지니 말이다.

지역별로 조금씩 다른 모습이지만 페루 축제는 대부분 전통문화에 뿌리를 두고 있다. UANCV 학생들이 입고 있는 화사한 의상들 역시 뿌노와 띠띠까까 호수 인근 마을의 전통 복장을 축제에 맞게 디자인한 것이다. 잉카 신화와 띠띠까까 호수의 전설에 등장하는 무서운 악마나 다양한 신의 모습이 가면으로 다시 태어나 거리를 행진하고 있다. 그리고 원주민의 순박한 모습을 담은 전통 의상은 특별한 디자인을 보태지 않았어도 그 자체의 아름다움과 가치로

쌀쌀한 날씨도
축제의 열기를 막지 못한다.

관중들에게 가장 큰 박수를 받는다.

아르마스 광장에서 다시 출발한 퍼레이드는 마을 구석구석까지 스며든다. 토속적인 음악이 쉴 새 없이 흘러나오고, 축제에 참가한 젊은이들은 높이 든 깃발을 흔들거나 몸을 빙빙 돌면서 앞으로 나아간다. 날씨가 쌀쌀한 데다 대부분 짧은 치마를 입었지만 이들이 몸으로 뿜어내는 열기와 열정 때문에 얼굴에는 땀방울이 송골송골 맺혀 있다.

힘들어 잠시 멈추려고 하면 관중들이 "춤춰라! 춤춰라!Baila! Baila!" 하고 함성을 지르기 때문에 맘 놓고 쉬지도 못한다. 그러나 즐거운 표정은 여전하다. 최고 팀을 가리는 심사가 있지만 이들에게 등수는 별로 중요해 보이지 않는다. 환한 표정은 축제 자체를 즐기는 행복함으로 가득하다. 축제란 모두 함께 신 나게 즐기는 것이지 서열을 매기는 것은 아무 의미가 없다고 말하는 듯싶다.

거리를 메운 시민들이나 광장에 빼곡히 들어찬 관중들도 자녀의 학예회라도 보듯 흐뭇한 표정이 역력하다. 사실 관중들 중 많은 이들의 가족이나 친척이 이 퍼레이드에 참여하고 있다. 옆에 앉은 아저씨만 해도 자기 사촌의 모습이 보이자 반가워 손을 흔들며 열심히 카메라 셔터를 눌러댄다. 퍼레이드 속 가면을 쓴 젊은이들도 관중의 무리에서 가족이나 친구를 발견하고는 가면을 벗고 환하게 웃으며 답례를 한다. 때로는 손을 흔들고 박수를 치며, 어떤 이는 어깨를 들썩이고 또 어떤 이는 환호성을 지르면서 모두가 축제의 열기 속으로 점점 깊이 빠져든다.

춤과 노래와 행진은 늦은 저녁까지 계속된다. 휘리릭! 쿵쿵쿵! 거리 곳곳에서 호루라기 소리가 요란하게 들리고 북소리와 음악 소리가 끊일 줄 모르며 쉴 새 없이 흥을 돋운다. 펑! 펑! 어디선가 폭죽이 화려하게 터지며 그 열기를 더하고, 퍼레이드를 마친 젊은이들은 가족들과 함께, 친구들과 함께 어디론가 몰려간다. 그들이 몰려가는 뿌노의 골목골목에는 커다란 웃음과 행복이 번져간다. 그리고 나도 그 웃음과 행복에 서서히 물든다.

:: 갈대로 엮은 섬
우로스

오늘의 여행지는 섬이다. 이른 아침 우로스 섬Isla Flotante de los Uros에 가는 배를 타기 위해 선착장에 도착한다. 띠띠까까 호수 섬 한가운데에는 갈대로 육지를 만들어 그 위에서 사는 우로스 섬사람들이 있다. 그들만의 독특한 삶의 방식을 직접 보지 않고는 못 견딜 만큼 호기심이 일어 우로스 섬으로 향하는 모터보트에 오른다. 잉카 제국의 침입을 피해 호수로 들어오게 된 우로스 부족들은 이곳에서 갈대로 섬을 만들어 삶의 터전을 일구기 시작했다. 우로스 사람들의 땅이 되는 갈대 또또라Totora 군락이 뿌노 항구를 둘러싸고 있다. 또또라는 호수 곳곳에서 자라고 있고, 가장 규모가 큰 또또라 군락은 직선거리가 10km에 달해 멀리서 보면 육지를 보는 듯한 착각에 빠진다. 또또라 사이의 뱃길을 따라 항구를 벗어나니 엄청나게 큰 띠띠까까 호수가 눈앞에 펼쳐진다. 이곳이 세상에서 가장 높은 곳에 있다는 바로 그 호수다.

그러나 이곳은 호수라기보다는 차라리 바다다! 호수의 넓이가 서울의 열네 배에 가까운 8,300km²나 되고 최대 수심이 281m에 이른다. 이를 어찌 바다라고 부르지 않을 수 있을까! 호수 중간 부분에서는 페루와 볼리비아의 국경이 존재하고, 표고 3,890m는 기선이 운행하는 세계 최고 지점이다. 띠띠까까 호수의 발원지는 안데스 산맥의 만년설이다. 수천 년 동안 쌓인 빙하들이 조금씩 녹으며 개울이 되고 강이 되어 이곳으로 흘러들었다. 높은 산에서 갈라져 다른 모양이 되어 모인 강줄기가 대략 20여 개. 그러나 산으로 둘러싸인 띠띠까까는 강물을 받아들이기만 할 뿐 밖으로 흘려보내지 않고, 모으고 모아 거대한 하늘 호수를 만들어 냈다.

이 광대한 호수는 맑은 하늘빛을 고스란히 담고 있다. 그 위로 맑고 청아한 바람이 스친다. 귓전을 울리는 뱃소리도 호수의 평화를 깨지 못한다. 오래전 네팔의 포카라 호수에서 느낀 그 평화와 휴식이 다시 전해진다. 호숫가에 앉아 안나푸르나에서 불어오는 차가운 바람을 맞으면서도 눈을 뗄 수 없던 포카라 호수의 고요함과 평화가 이곳에 있다.

푸른 물살을 가르며 달리기를 삼십여 분, 황금빛 섬들이 연이어 나타난다. 세상에서 가장 큰 호수에 있는, 세상에서 가장 작은 섬 우로스다. 까스까이 Qascally라는 작은 섬에 배를 대고 또또라로 만들어진 인공 섬에 내린다. 발바닥 아래에서부터 짙은 갈대 향기가 온몸을 타고 올라온다. '갈대로 만들었으니까 발이 푹푹 빠지겠지? 아니지, 집까지 짓고 사는 걸 보면 무척 단단할 거야' 이런저런 생각을 해 본다. 바닥은 처음 생각한 것처럼 폭신하지 않다. 짚이 잔뜩 깔려 있는 논밭을 걷는 기분이다.

이곳에는 이런 인공 섬이 대략 40개 정도 있다. 이를 한데 묶어 '우로스'라 부른다. 섬은 크기도 다양하다. 3평 남짓한 크기에서부터 무려 350명이 넘게 생활하는 크기까지 천차만별이다. 큰 섬에는 학교와 성당도 있을 정도다. 아무리 작은 섬이라도 까스까이처럼 자기 이름이 하나씩 있다. 섬 한 개는 하나의 가족을 의미하며 대여섯 가구가 함께 산다. 한 가족씩 돌아가며 식사 준비를 하면 모두가 둘러앉아 함께 음식을 나누어 먹고, 함께 일하고, 함께 잠든다. 핵가족화된 우리나라에서는 참으로 보기 어려운 모습이다. 모든 것을 함께하는 이들의 삶이 왠지 부럽다.

∧ 우로스 지역에 들어섰음을 알리는 안내문
∨ 우로스 섬 위에
촌락을 이루고 사람들은 살아간다.

∧ 관광객을 대상으로
　민예품을 팔고 있는 주민
∨ 뜨개 모자를 쓴 아이

가족 수가 늘어나거나 가족 중 한 명이 결혼을 해 분가하게 되는 경우 우로스 사람들은 또또라를 뿌리째 잘라와 섬을 넓힌다. 가족끼리 불화가 있어 섬을 떠나는 경우가 아니라면 일가친척이 모두 모여 집을 짓듯 섬을 만든다. 이 작은 섬을 조금이라도 넓히기 위해 얼마나 많은 땀을 흘리고 시간을 들여야 하는지. 장정 몇 명이서 근 3시간을 넘게 갈대와 씨름하고 나서야 얼마 되지 않은 갈대를 분리하여 얻어낸다. 그리고 그것을 집으로 끌고 와 다시 엮어 섬을 넓힌다. 물에 닿은 갈대는 썩기 때문에 우기에는 일주일에 한 번, 건기에는 한 달에 한 번 꼴로 새 갈대를 덮어 주어 섬을 튼튼하게 유지한다. 무에서 유를 창조해 온 이들의 삶에 새삼 고개가 숙여진다.

가이드인 아구스또Agusto가 섬을 만드는 원리에 대해 설명하는 사이 까스까이의 아주머니가 간식거리를 내온다. 밀가루를 그냥 튀긴 것 같은 허술한 모양의 과자다. 그러나 입에 들어가는 순간, 고소함이 입안 가득 퍼진다. 생각보다 맛있다. 그 보답으로 또또라를 씹으며 노는 까스까이의 아이에게 한국에서 가져간 비타민 과자를 한 움큼 쥐여 준다. 그 모습을 본 아주머니가 내게 무슨 말을 건네지만 이곳 원주민들의 언어인 아이마라Aimara어를 알아들을 리 없다. '설마, 받아먹지 말라는 말은 아니겠지, 고맙다고 인사하라는 것이겠지' 하며 웃으며 이야기를 나눈다.

푹신푹신한 섬을 밟으면서도 우로스 섬 위에 여러 사람이 거주한다는 것이 신기할 뿐이다. 거주할 공간을 더 늘리기 위해 얼마나 시간을 들이는지 알고 나니 한 걸음 한 걸음이 더 값진 경험으로 다가온다.

또또라는 우로스 사람들의 땅이고 집이며 유일한 교통수단이다.

섬에 갈 때는 빵이나 과일 같은 것을 챙겨 가라고 적혀 있는 책을 읽은 기억이 난다. 섬에 사는 아이들은 관광객들이 오면 사탕을 달라고 한단다. 관광객들은 아이들이 귀여워 무심히 사탕을 건넨다고 하는데 이 섬에는 치과 의사도 없고 치료비를 댈 만한 돈도 많지 않기에 사탕을 많이 먹어서 치아 상태가 나빠져도 치료받을 수 없어 문제가 되고 있다고 한다. 그래서 사탕 대신 과일이나 빵을 주는 것이 낫다. 아마도 그 아주머니는 내가 건넨 비타민 과자가 사탕인 줄 알았나 보다.

아구스또의 설명이 끝나자 까스까이의 주인이 '우로스 섬의 바나나'라 불리는 또또라를 하나씩 나눠 준다. 또또라는 이들의 땅인 동시에 십이며, 불인 동시에 간식이다. 한입 베어 물자 시원한 물이 입안에 고인다. 마치 바람 든 무를 씹는 것처럼 조금은 야릇한 맛이다.

또또라 시식까지 끝나자 아구스또는 일행에게 또또라로 만든 배 발사Balsa를 타 볼 것을 권한다. 바람을 잔뜩 집어넣은 갈대 같은

발사가 궁금하던 터라 흔쾌히 배에 오른다. 15분 정도를 타며 섬 주변 이곳저곳을 유람하는데 1인당 10쏠을 받는다. 이 돈은 우로스 사람들의 가장 큰 수입원이다. 관광객들이 수시로 드나든다면 수입이 꽤 되겠지만, 띠띠까까 호수 관광은 대부분 패키지로 묶여 있기 때문에 관광객들이 우로스 섬을 찾아오는 것은 하루에 두세 번이 고작이다. 게다가 모든 사람이 발사 유람을 원하는 것도 아니다. 우리 일행 역시 절반 정도만 발사에 몸을 실었다. 그렇기 때문에 관광객들에게 의존해 살아가는 그들의 생활은 좀처럼 나아질 기미가 보이지 않는다.

떠나는 사람들에게 작별의 노래를 불러주는 여인들

갈대로 만들었다는 것이 믿어지지 않을 만큼 무척 단단한 발사에 앉아 출발
을 기다리고 있는데 파랑, 빨강 등 원색의 옷을 입은 까스까이의 안주인들이
작별의 노래를 불러준다. 이것이 만남의 노래라면 유치한 쇼술로 느껴졌겠지
만 떠나는 시점에 듣는 노래는 진한 아쉬움과 감동을 남긴다. 더욱이 스페인
어조차 어려워하는 이들을 위해 아이마라어, 영어, 불어 그리고 독일어까지
여러 나라의 언어로 불러 준다. 낯선 단어 하나하나를 외우기 위해 얼마나 많
은 노력을 했을까 싶어 마음이 짠해진다.
멀어지는 우리를 향해 열심히 손을 흔들어 주는 정겨운 까스까이의 사람들을 뒤로하고 발사는 고요히 수면을 스쳐 간다. 발사는 섬마다 그 생김새가 조금씩 다르다. 발사의 뱃머리는 후미보다 높게 만들어져 있는데 어떤 발사는 여기에 사자 얼굴같이 생긴 동물의 얼굴을 만들어 놓았다. 배 하나에서도 작은 섬들의 개성이 물씬 풍겨 온다.

호수에서 발사 두 개를 붙여 만든 발사마라Balsamara가 관광객을 가득 태우고 유람을 하는 동안 우로스 사람들의 고깃배는 그물을 끌어올리고 있다. 이들이 잡는 물고기는 까라치Carachi와 수체Suche, 그리고 마오리Maori라는 것인데 손가락만 한 작은 크기에 비해 제법 좋은 가격을 받는다고 한다. 그러나 고기가 많이 잡히는 편은 아니다. 차디찬 수온 탓도 있겠지만, 뿌노와 띠띠까까의 수많은 섬들이 쏟아내는 생활하수로 호수가 오염되어 물고기들이 많이 살지 못한다고 한다. 게다가 무분별한 어업으로 물고기들의 씨가 마르고 있다는 것이 가이드의 설명. 그러나 오염을 방지할 만한 시설이 갖추어져 있지 않다. 갈대로 섬을 만들고 집을 만들어 사는 이들에게 그런 시설까지 갖추기를 바란다는 것은 현실적으로 힘들다. 그리고 어종을 보호할 만큼 이들의 삶이 여유로워 보이지 않는다. 전기도 들어오지 않고, 육지 세상과 분리된 채 살아가는 우로스 사람들에게 선택의 여지는 별로 없다. 지나치게 상업화되었다는 비판의 소리도 듣지만 관광객들을 상대로 발사를 몰거나 힘들게 민예품을 만들어 팔고, 호수에서 고기를 잡아야만 생활할 수 있기 때문이다.

어찌 보면 이런 섬 생활이 원망스럽기도 할 텐데 이들은 그저 운명에 순응한 채 적응하며 살아간다. 띠띠까까 호수가 주는 것에 만족하며 자연과 함께 살아가는 그들만의 방법을 터득해 간다. 먼 옛날 띠띠까까 호수에서 태어난 그들의 조상이 그래온 것처럼.

:: 태양과 대지의
아만따니 섬사람들

우로스를 떠난 배는 하루를 묵게 될 아만따니 섬_{Isla Amantani}으로 간다. 이 섬에는 8개의 취락이 형성되어 있고, 약 4,000명 정도의 인구가 있다. 기원전부터 사람이 살았다는 이곳에서 민박을 할 계획이다. 섬을 관광지로 개발하기 시작한 지 얼마 되지 않았기 때문에 호텔도 없지만 편안한 호텔보다는 그들의 삶과 생활을 더 가까이에서 느낄 수 있는 민박이 더 좋다.

배가 호수 중심에 가까워지자 거친 파도로 인해 심하게 요동친다. 파도가 계속해서 배를 잡고 흔들어 대자 일행 중 몇 명은 배멀미 때문에 꼼짝도 못한다. 그중 한 커플이 내 호기심을 자극한다. 남자는 대략 40대 후반이나 50대 초반 정도, 여자는 20대 초나 중반쯤 되어 보이는 미인이다. 손을 꼭 잡고 있는 걸 보면 부녀지간은 아닐 테고, 부부나 연인이라고 하기엔 나이 차이가 너무 많이 나 보이는 이 커플, 왠지 모를 비밀을 간직하고 있을 것만 같아 힐끔힐끔 쳐다보게 된다.

이윽고 섬에 도착. 선착장에서는 후덕하게 생긴 아주머니 예닐곱 명이 우리 일행을 기다리고 있다. 아만따니 섬에서 하는 민박은 이 아주머니들의 집에서 하룻밤을 보내는 것이다. 저녁때는 마을 광장에서 소솔한 환영 파티가 열린다고 하는데, 여행객들도 아만따니 섬의 전통 의상을 입고 참석하는 것이란다. 이곳의 전통 의상을 입어 볼 수 있다니 잔뜩 기대가 된다.

아구스또가 아만따니 섬의 아주머니들에게 한 커플씩 일행을 소개하고, 이들은 아주머니를 따라 마을로 향한다. 나와 아구스또, 그리고 미스터리의 연인이 같은 집에 묵기로 한다. 여행객 수가 적어 손님을 받지 못한 아주머니의

표정이 쓸쓸하게 변한다. 괜히 내가 미안해지는 느낌이다.

오늘 하루 신세를 질 민박집은 아우로라Ahurora 아주머니의 집이지만 우리를 마중 나온 사람은 딸 리스Liz다. 리스를 따라 마을 중턱에 있는 집에 도착하니 허름한 담 아래 예쁘게 피어 있는 꽃이 활짝 웃으며 우리 일행을 맞는다. 담장 옆에는 작은 텃밭이 있고, 텃밭 가장자리에는 화장실이 있다. 영락없는 우리네 옛 시골 풍경 그대로다.

여장을 푸는 동안 리스는 늦은 점심을 준비한다. 작은 부엌은 어린 시절 시골 외할머니 집에서 본 것처럼 소박하고 정감이 느껴진다. 장작으로 불을 피우고 그 위에 주전자를 얹어 물을 끓인다. 그을음 때문인지, 원래부터 그런 것인지 구분이 되지 않는 새까만 주전자에서 연기가 모락모락 피어오른다. 리스가 고산병에 좋다는 무냐Muña 차를 내오는데 녹차와 민트 차를 섞어 놓은 맛이다.

따뜻한 차를 마시며 그 미스터리의 연인과 인사를 나눈다. 혹시 밀월여행을 온 게 아닐까 하는 상상을 했건만 싱겁게도 이들은 나이 차이가 좀 많이 나는 부부란다. 남자의 이름은 디아즈Diaz로 오십 대이고, 안드레아Andrea라는 이름의 부인은 삼십 대라고 한다. 이들은 콜롬비아에서 왔다. 무려 스물두 살 차이! 부인에게 남편은 거의 큰삼촌뻘이다. '이 남자, 능력 좋네!' 예닐곱 살 차이만 나도 '도둑놈' 소리를 듣는 문화에서 살다 보니 나도 모르게 선입견이 생긴 모양이다.

잠시 후 리스가 정성스레 만든 감자 수프와 감자의 일종인 오까Oca로 만든 요리가 식탁에 오른다. 이게 어린 소녀의 솜씨라니! 믿

아만따니 섬의 아이

기지 않는 맛이다. 디아즈와 안드레아는 "매우 맛있다Super Rico!"라며 칭찬을 아끼지 않는다. 수줍음 많은 리스는 만족스러운 웃음을 지어 보인다.

순식간에 접시 바닥까지 다 비운 우리는 인적이 드문 마을길을 따라 아만따니 섬 탐험에 나선다. 황갈색 빛으로 물든 섬은 온통 메마른 밭으로 뒤덮여 있다. 꽃과 나무가 있는 곳은 마을과 집 주변뿐, 농사를 지을 수 있는 곳이라면 어디라도 다 개간해 버린 듯하다.

흙먼지가 폴폴 나는 밭 한가운데에서 농부들은 밭을 갈고 모종을 심느라 분

∧ 실제 양털로 만든 인형들
∨ 유적지 근처에서 팔찌를 파는 사람

주하다. 이들이 주로 재배하는 것은 감자다. 안데스 고산의 주요 작물인 감자는 페루를 대표하는 곡물로 그 종류만도 무려 3,000여 종에 이른다. 늘 똑같은 모양의 감자만 보아 온 탓인지 감자 종류가 그렇게 많다는 것이 놀라울 뿐이다.

감자밭은 아만따니 섬 정상에 있는 빠차따따Pachatata와 빠차마마Pachamama 유적까지 펼쳐진다. 빠차따따는 신성한 빛을 의미하는 태양의 신이며 빠차마마는 풍요로운 대지를 관장하는 대지의 여신이다. 빠차따따와 빠차마마 그리고 신성한 물을 상징하는 마마꼬차Mamacocha는 띠띠까까 호수의 삼대 정령이다. 정령의 기운이 서려 있는 유적은 지금도 신성시되어 일 년에 한 번 있는 축제일을 제외하고는 들어갈 수 없다.

돌담으로 둘러싸여 있는 빠차따따 유적 앞에서는 아만따니의 소녀들이 양털로 만든 팔찌를 팔고 있다. 비록 1쏠짜리 민예품이지만 소녀들이 일일이 정성스럽게 직접 짠 팔찌에는 잉카와 띠띠까까를 상징하는 다양한 문양이 예쁘게 수놓아져 있다. 구경 삼아 한 아이의 팔찌를 보고 있자니 다른 아이들까지 다가와 자신의 팔찌가 더 예쁘니 이걸 사라는 것처럼 각자의 것을 보여 준다. 세 명의 아이들에게 팔찌를 하나씩 산다. 여행 기념이라기보다는 어린아이들이 힘들게 짠 팔찌를 그냥 구경만 할 수는 없었기 때문이다.

발걸음을 옮겨 빠차마마로 가려는데 날이 조금씩 어두워지는가 싶더니 호수 저편에서 거대한 먹구름이 밀려온다. 그리고는 이내 우르르 쾅! 요란한 천둥번개가 대지를 울린다. 불과 한 시간 전까지만 해도 구름 한 점 없는 하늘이었건만 어느새 빗방울이 떨어지기 시작한다. 고산지대여서일까, 참 종잡을 수 없는 하늘이다. 이리도 지독한 머피의 법칙이 있을까. 첫 여행지인 리마에서부터 시작된 비구름이 나스까, 마추 삐추에 이어, 마지막 여행지인 띠띠까까까지 따라오다니. 훗날 페루 여행을 회상하면 온통 비를 맞고 다닌 기억만 떠오를 것 같다.

해발 4,000m, 고산에서는 천천히 걷는 것이 원칙이지만 조금씩 굵어지는 빗
방울에 쫓겨 집을 향해 뛴다. 집에 도착하니 밭일을 마치고 돌아온 아우로라
아주머니가 부엌에서 나와 우리를 반긴다. 어느새 빗방울은 거센 폭우로 돌
변한다. 우리를 부엌으로 부른 아우로라 아주머니가 따뜻한 무냐차를 준비해
준다. 아궁이에서는 맛있는 향을 풍기며 저녁 요리가 익어 가고 있다. 비 때
문에 마을 광장에서 열기로 한 환영 파티도 취소된다. 할 일이 없어진 우리는
부엌 식탁에 둘러앉아 열심히 수다만 떤다. 전통 의상을
입어 볼 기회가 없어지는 것이 무엇보다 아쉽다.
리마에 도착할 때만 해도 건기가 시작되는

시기라 화창한 날씨만을 기대했다. 그러나 태평양 연안 도시에 건기가 시작
되면 안데스 산맥을 끼고 있는 고산 지방은 우기로 접어든다고 한다. 진작 이
사실을 알았더라면 뿌노에서 출발해 리마로 가는 여정을 계획했을 텐데, 여
행이 거의 마무리 단계에 와 있는 지금에 와서 후회한들 무슨 소용이 있으랴.
여행하는 내내 비가 나를 따라다닌다고 투덜대자, 디아즈는 "안또니오 때문
에 비가 내린다."라며 놀려댄다. 나와 비슷한 코스로 이곳에 온 디아즈와 안
드레아는 날씨가 화창한 날에 마추 삐추에 올랐고 그곳을 떠나는 날에야 비
가 내렸다고 한다. 그날이 바로 내가 마추 삐추에 오른 날이다. 뿌노의 거리
축제 때를 제외하고는 이번 페루 여행은 날씨 운이 잘 따라 주지 않는다.

하지만 내 투덜거림을 들은 아우로라 아주머니는 나 덕분에 비가 내려 고맙다고 한다. 그리고는 이곳에 함께 살자며 농담까지 한다. 나 때문에 비가 내린다는 것이 말도 되지 않는 얘기지만, 감자 농사가 생업인 아우로라 아주머니 입장에서는 이 비가 무척이나 반가운 모양이다.

아우로라 아주머니처럼 농사를 짓는 아만따니 섬사람들은 반 년 넘게 비를 기다려 왔으니 이 비가 그야말로 단비인 것이다. 건기의 막바지가 되면 감자나 옥수수 모종을 심어 놓고 하늘만 보고 있다고 한다. 세계에서 가장 큰 호수 한가운데에 있는 섬에서 물이 없어 농사를 못 짓는다니! 이들에게 호수의 물은 그림의 떡일 뿐이다. 물을 끌어올리는 펌프는 너무 비싸서 살 수가 없고, 전기 사정도 여의치 않기 때문에 비에 의존할 수밖에 없다.

여행객에게는 한없이 원망스러운 비지만, 우기가 서너 달 정도밖에 안 되는 띠띠까까 호수의 섬사람들은 비가 더 오랫동안 내려 주기를 바란다. 비가 오지 않으면 이들이 할 수 있는 일이라곤 양떼를 치거나 민예품을 만들거나, 아니면 민박을 운영하는 게 고작이기 때문에 생계의 위협을 받기 때문.

민박도 아만따니 섬의 80가구가 돌아가면서 손님을 받기 때문에 자기 차례가 되는 것은 한 달에 한 번 정도다. 그래서 얻는 수입은 많아야 30쏠 정도고 세끼 식사가 포함된 금액이라 이들 손에 떨어지는 건 더 줄어든다. 얼마 되지 않는 돈이지만 농한기의 유일한 수입이 되기 때문에 민박을 받은 이와 그렇지 못한 이의 얼굴에는 희비가 교차한다.

아우토라 아주머니의 넋두리와 디아스의 콜롬비아 자랑을 듣는 사이, 저녁 식사 준비가 끝나고 아우로라 아주머니가 음식을 차린다. 제일 먼저 우리 앞에 놓인 것은 끼누아 수프Sopa de Quinua, 묽은 카레처럼 생긴 수프의 진한 향에 군침이 꿀꺽 넘어간다. 한 숟가락 입에 넣으니 오! 맛이 기막히다. 작디작은 시리얼과 갖은 야채로 맛을 낸 노란 수프는 페루를 여행하며 먹은 그 어떤 음식과도 비교할 수 없을 만큼 정말 맛있다. '먹는 행복이 바로 이런 것이구나!'

디아즈는 한 숟가락 들 때마다 엄지손가락을 세워 보이며 "세상에서 제일 맛
있는 수프예요." 하고 칭찬을 아끼지 않는다.

마치 한국에서 어머니가 차려준 밥상 같다. 시골의 맛과 아주머니의 정성이
담긴 최고의 만찬을 즐기고 작은 방에 편안하게 눕는다. 양철 지붕을 때리는
거센 빗소리에 촛불이 흔들리고 이따금씩 떨어지는 번개에 창밖이 번쩍이며
환해진다. 비록 오늘 계획한 것은 다 하지 못했지만 지금 누워 있는 이 시간,
행복이 밀려온다. 그리고 번개마저 운치 있어 보인다. 띠띠까까의 섬에서 본
많은 이들의 얼굴이 하나둘씩 스쳐 간다. 사탕을 주자 동생 것도 줄 수 있냐
고 묻던 마음 착한 코흘리개 아이, 노트 한 권과 볼펜 몇 자루에 뛸 듯이 기뻐
하던 리스의 사촌 동생 윌리엄, 작은 좌판을 펼쳐 놓고 손님을 기다리던 어린
아이들, 양 떼를 몰고 가던 모녀……. 정겨움과 안타까움이 교차한다.

:: 따낄레 섬의
뜨개질하는 남자들

언제 그랬냐는 듯, 밤새 내린 비로 깨끗하게 세수를 한 맑은 하늘이 얼굴을 내민다. 처마 아래에 있는 커다란 물동이에 고인 빗물을 떠서 세수를 하고 밖을 나설 채비를 한다. 리스는 아버지를 따라 밭으로 나가고 아우로라 아주머니가 우리를 선착장까지 안내한다. 작별을 아쉬워하며 "다음에 또 놀러 오라." 두 손을 꼭 잡는 아우로라 아주머니, 어머니를 고향집에 두고 떠나는 심정이다. 단지 하루를 묵었을 뿐인데 정이 깊게 들었나 보다.

아우로라 아주머니와 아만따니 섬의 아주머니들은 배가 떠난 뒤에도 한참이나 선착장을 떠나지 못한다. 지난밤에 내린 비로 할 일이 많아졌지만 누군가를 떠나보내는 섭섭함이 그들의 발길을 붙잡고 그 자리에 깊은 뿌리를 박아 놓은 듯하다. 텅 빈 밭 외에는 아무것도 없는 아만따니 섬. 그러나 섬은 어느 곳에서도 느낄 수 없었던 사람들의 정으로 가득 차 있었다. 배안에 있는 여행객들도 아만따니 섬의 추억을 곱씹고 있는지 먼 호수만 바라본다.

아만따니 섬에서 출발해 한 시간 여를 달린 배가 페루의 마지막 목적지인 따낄레 섬Isla Taquile에 도착한다. 뿌노에서 사온 물건을 들고 힘겹게 계단을 오르는 따낄레 섬 주민들과 함께 마을로 향한다. 계단은 심한 경사 때문에 맨손으로 오르기도 만만찮다. 좁은 돌길 곳곳에는 방문객을 기다리며 작은 좌판이 열려 있다. 그러나 좌판의 어린 주인들은 장사꾼 치고는 너무 순박하다. 그들이 물건을 팔기 위해 하는 행동이라고는 "1쏠, 1쏠" 하고 나지막한 목소리를 내는 것뿐이다.

모직판초와 모자, 직물 등의 수공예품과 농업이 이 섬사람들의 생계 수단이다. 잉카 시대부터 전해 내려오는 농경 방식으로 섬을 6개 구역으로 나누어 각 구역마다 매년 다른 농작물을 재배한다. 또 양털에서 얻은 실로 각종 수공예품을 만들어 판다.

일행은 민예품 가게가 있는 마을 광장에 들어선다. 띠띠까까 호수에 있는 여러 섬들 중 가장 큰 민속공예품 가게가 있어 섬 투어의 필수 코스가 된 곳이다. 상점 앞에서는 1쏠짜리 팔찌를 파는 아이들이 이리저리 여행객을 쫓아다니고 있다. 그리고 다른 한쪽에서는 전통 의상을 입은 따낄레 섬 남자들이 뜨개질을 하는 낯선 풍경을 연출한다. 이들은 걸으면서도, 동료나 여행객들과 이야기를 나누면서도 손을 쉬는 법이 없다.

상점을 가득 채운 화려한 색깔의 민예품들은 모두 따낄레 섬 남자들의 손을 거친 것들이다. 무뚝뚝한 남자들이 만들었다고 믿기 어려울 정도로 아름답다. 치밀하게 새긴 문양이나 컬러 감각이 매우 뛰어나다. 따낄레 섬의 남자들이 손재주가 좋기로 유명하다지만 이 정도일 줄은 몰랐다. 띠띠까까 호수의 여러 섬 중 이곳에 가장 큰 민예품 상점이 생긴 것은 따낄레 섬 남자들의 솜씨 때문일 것이다. 마땅히 할 일이 없는 다른 섬의 남자들에 비해 이곳의 남자들은 띠띠까까 정령의 축복을 받은 셈이다.

하지만 이제 농작물 재배 시기인 우기가 시작되었으니 뜨개질하는 남자들은 실뭉치를 한 쪽에 치워두고 실 대신 밭을 뜨개질할 것이다. 이들은 그들의 조상이 그러했던 것처럼 자연의 축복이 내리는 우기 동안 한 해 농사를 다 지어야 한다. 그리고 황토색 섬이 푸르게 변하고 촉촉한 땅 아래서 굵은 감자가 다 자랄 즈음, 이들은 띠띠까까의 정령들에게 정성스럽게 제를 올리며 감사의 마음을 전할 것이다.

그렇게 띠띠까까 호수의 섬사람들은 그들의 조상이 살았던 삶의 방식을 이어간다. 이방인들에게 현대문명과의 단절로 비춰질 수 있는 삶이지만 이들의 입장에선 잉카의 전통을 지키기 위한 그들만의 순수한 고집이 아닐까. 이들

∧ 따낄레 섬의 뜨개질 하는 주민
∨ 뜨개 민예품

은 여전히 잉카의 언어인 아이마라어나 께추아어를 사용하고, 할머니의 할머니가 입었던 옷을 입고 살며 우리가 알지 못하는 그들만의 세계를 자신들의 방식으로 이어간다.

삭사이와망의 전투를 끝으로 잉카 제국이 멸망했다는 것은 정복자의 역사일 뿐이고 그들만의 생각일 뿐일지 모른다. 아레끼빠의 깊은 골짜기에도, 꾸스꼬의 좁은 돌길 위에도, 망망한 띠띠까까 호수의 작은 섬에도 여전히 잉카의 영혼은 후손들에게 전해져 오늘의 역사를 살아가고 있다. 그리고 지금도 안데스 시골 마을의 붉은 흙벽돌에서, 감자밭을 일구는 아낙의 거친 손마디에서, 따낄레 섬 남자들의 손끝에서 잉카의 문명은 재창조되며 빛나고 있다.

이미 세상에서 사라져 박물관에 전시된 유적만이 전부인 줄 알았던 잉카 문명은 페루의 작은 시골 마을 곳곳에 남아 숨 쉬고 있는 것이다. 그 소중한 전통과 찬란한 문화는 아이들의 작은 손에서 손으로 이어져 갈 것이다. 나를 향해 소곤거리듯 "1쏠" 하고 가격을 부르는 아이의 수줍은 미소에서 작은 희망을 엿보며 따낄레 섬을 떠난다.

햇빛 반짝이는 호수를 가르며 뿌노를 향해 가는 배는 페루 여행이 막바지에 다다랐음을 알린다. 이 먼 나라 페루 여행을 통해 만난 이들의 얼굴이 푸른 물빛에 수채화처럼 그려진다. 리마의 차베스 공항에서 만난 후안, 깊은 안데스 산촌의 다정한 소녀, 따낄레 섬의 코흘리개 아이까지! 짧은 여정 동안이었지만 정말 소중한 사람들을 많이 만났다. 가난하지만 따뜻한 사람들. 어떤 화려한 수식어도 이들을 표현하려 해도 나 역시 이보다 더 정확한 표현을 찾지 못하겠다.

스스럼없이 나를 '아미고Amigo 친구'라고 불러 준 가슴 따뜻한 사람들, 으슥한 골목에 들어설 때면 행여 봉변이라도 당할까 내 옆에 꼭 붙어 보디가드가 되어 준 친구들……. 이들이 내 가슴에 담아 준 정은 어느 곳에서도 얻을 수 없는 가장 소중한 선물이다.

따낄레 섬에는 여전히 잉카의 문명이 숨 쉬고 있다.

어느 날 각박한 일상에 지쳐 사람의 정이 그리워질 때, 문득 순박한 사람들의 환한 웃음이 그리워질 때, 사람 냄새가 그리워질 때, 나는 이들을 다시 찾아 나설 것 같다. 그때는 카메라며 가이드북일랑 집어 던지고 배낭 속을 친구들에게 줄 선물로 가득 채우리라. 그때는 서로를 가슴으로 껴안고 재회의 기쁨을 마음껏 누리리라. 그리고 관광객과 원주민으로서가 아닌, 사람 냄새 나는 친구로 만나 쓴 술 한 잔 기울이며 밤을 지새우리라. 그때까지 건강하고 행복해라! 내 친구들이여!

페루의 신들이 궁금하다

어느 나라나 마찬가지로 페루에도 다양한 신들에 대한 여러 가지 전설과 이야기가 존재한다. 태양의 제국답게 태양 숭배를 기본 종교로 하는 잉카 사람들은 태양신 인띠Inti를 숭배하였다. 그리고 매년 하지를 축하하며 태양신에 대한 제를 태양신의 사원에서 올리고 큰 축제를 벌였다. 잉카인들은 매년 '야크야'를 '태양신의 처녀'로 생각해 인띠에게 제물로 바쳤는데 그 수가 상당하였다.

페루 국민의 90%가 가톨릭 신자들이지만 띠띠까까 호숫가에 위치한 뿌노 사람들은 2월마다 '촛불의 성모제'를 여는 동시에 대지의 여신인 빠차마마를 숭배한다. 그리고 갈대섬 우로스 섬에서는 호수의 어머니인 마마꼬차를 신봉한다. 신성한 빛을 의미하는 태양의 신 빠차따따와 빠차마마, 마마꼬차는 띠띠까까 호수를 지키는 삼대 정령이다.

우이라꼬차Huiracocha 또는 비라꼬차Viracocha 신은 기독교의 하나님처럼 진흙을 빚어 최초의 인간을 창조한 신으로 띠띠까까 호에서 태양을 뜨게 하는 조물주다.

끼야Quilla는 우리네 삼신할머니처럼 임신과 출산을 주관하는 달의 신이다. 단군신화의 풍사, 우사 같은 신들처럼 잉카인들에게도 바람을 다스리는 신, 비를 다스리는 신 등은 숭배의 대상이었다.

기원후 100~700년 사이에 만들어진 것으로 추정되는 잉카 부엉이 신상과 잉카 농경 신상이 말해주듯이 잉카에서는 애니미즘 신앙도 존재한 것으로 보인다. 그리고 모든 작물에는 각각 그 정령(精靈)이 존재한다고 믿는 토테미즘도 존재했다. 옥수수가 주식인 페루는 옥수수를 매우 신성하게 여겨, 옥수수 모양을 하고 있는 신도 있다. 옥수수를 흘리고도 줍지 않으면 그 사람은 지옥에 간다는 속담까지 있을 정도다.

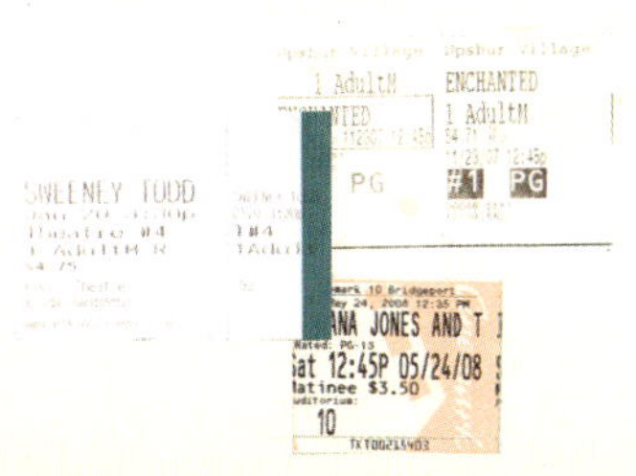

페루,
좀 더 알기

쉽게 닿을 수 없기에 낯설게 느껴질 수도 있는 페루.

기본적인 정보와 유용한 팁을 익히고 간다면

페루의 매력에 더 깊이, 빨리 빠질 것이다.

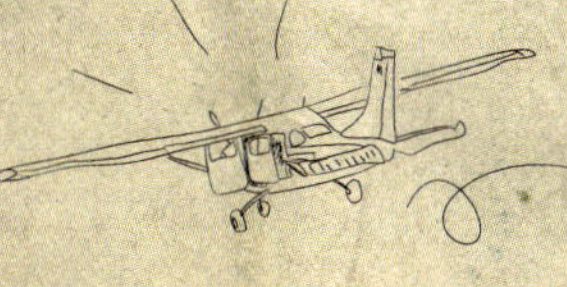

16세기 초 파나마의 산 미겔 만 근처에 살고 있던 통치자 비루Biru의 이름에서 유래된 페루, 잉카 제국으로 우리에게 잘 알려진 페루의 역사는 스페인의 침략이 시작된 시기를 기준으로 크게 나누어진다. 스페인 침략이 있기 전의 고대 문화는 다시 쁘레 잉카Pre-Inca 시대와 잉카 시대로 구분된다.

안데스 지역에 사람이 거주하기 시작한 것은 약 기원전 2만 년이며, 몽고계로 추측되는 원주민이 기원전 10세기경까지 원시 수렵 농경시대를 이루었다는 것이 학계의 정설이다.

태평양 연안인 빠라까스 반도를 중심으로 한 빠라까스Paracas 문명, 지상화로 유명한 나스까Nazca 문명, 모치까Mochica, 와리Wari, 치무Chimu 문명 등이 등장하며 본격적으로 토착 문화가 형성되기 시작했다.

기원전 10세기에서 기원후 1세기까지 현재 페루의 중북부 지방에 걸쳐 페루 최초의 정착 농경문화로 토기, 피라미드 모양의 신전 등이 남아 있는 챠빈Chavin이 형성되고 뒤이어 빠라까스 문명이 형성되었다.

기원전 3세기에서 기원후 8세기에 걸쳐서는 페루 북부에는 모치아 문화가, 중남부에는 리마와 나스까 문화 등이 이루어져 제1기 지역 문화를 이루었다. 지역 문화 시기가 끝난 후 8세기에서 12세기까지 와리 제국이 페루 전역에 걸쳐 통일국가를 이루며, 띠띠까까 호수를 중심으로 따아우아나꼬Tiahuanaco 문화를 형성했다. 따아우아나꼬 문화 중에서도 거석문화가 알려져 있다.

제2기 지역 문화로는 12세기부터 15세기 중엽까지 북부에는 치무, 중부에는 찬까이Chancay, 남부에는 이까Ica 문화권이 형성되었다. 치무 문화는 금속 기술과 도자기가 유명하며, 찬까이 문화는 특히 도예술과 직조 기술이 발달했다.

15세기 초반까지 잉카 제국은 상당한 지역을 지배하며, 콜롬비아나 칠레 지역까지 그 힘이 미쳤다. 당시 잉카 제국의 공식적 이름은 따완띤수요Tahuantinsuyo. 수요Suyo라는 중심 도시가 지방 도시를 통제하는 방식의 거대한 제국이다.

1532년 페루 북부 뚬베스_{Tumbes} 지역에 상륙한 스페인 침략자 프란시스꼬 삐사로_{Francisco Pizarro}는 권력 계승 다툼으로 분열되어 있는 잉카 제국의 황제 아따우알빠_{Atahualpa}에게 온천 휴양지였던 카하마르카에서 만날 것을 요청하고 몰래 군사를 배치, 그와 호위군을 포위하고 손쉽게 잉카 제국을 정복했다. 잉카 제국은 가톨릭 개종을 거부하고 포로가 된 아따우알빠를 구명하는 조건으로 엄청난 양의 금과 보석을 바쳤으나 결국 잔인하게도 황제는 1533년 처형되었다. 그리고 삐사로는 1535년 리마 시를 세우고 6년 뒤에 암살당하고 말았다.

이후에 잉카의 독립을 위한 항쟁이 크고 작게 일어났으며, 잉카의 마지막 지도자인 망꼬 잉카_{Manco Inca}의 반란은 1572년 그가 참수당함으로 끝났다. 1542년 스페인 왕은 남미 식민지 대부분을 포괄하는 페루 부왕령을 설치했고, 부왕 프란시스꼬 데 똘레도는 1570년대 영토를 재조직하여 은광을 경제 기반으로 원주민 노동력을 착취하는 경제구조를 갖추었다. 이렇게 페루에서 생산된 금은괴는 스페인 왕가의 수입원이 되었다.

1824년까지 페루에서는 스페인의 통치가 계속되다가 19세기 초 남미 대륙에는 독립전쟁이 휘몰아치고, 페루는 베네수엘라의 시몬

볼리바르Simón Bolívar와 아르헨티나인 호세 데 산 마르틴José de San Martiin이라는 두 이방인의 원정이 성공한 후에 독립할 수 있게 되었다. 볼리바르의 라틴 아메리카 연합 계획이 실패로 돌아가고 페루-볼리비아 연합이 단명한 가운데 국가적 정체성이 이 시기에 형성되었다.

1866년 페루는 스페인과의 짧은 전투에서 승리를 거두나 1879~1883년에 걸친 칠레와의 전쟁에서 패배, 북부 아따까마 사막의 초석 지대를 빼앗기고 말았다. 또한 1941년 에콰도르와의 국경 분쟁을 겪는 등 힘든 역사는 이어졌다.

1980년대 상당한 외채와 인플레이션, 마약 밀매 등으로 불안은 계속되었다. 1990년 대통령 선거에서 일본계인 알베르또 후지모리 Alberto Fujimori가 페루인 소설가 마리오 바르가스 료사Mario Vargas Llosa를 제치고 대통령에 당선되지만 잠시 불안한 정세는 이어졌다. 쿠데타에 의해 두 명의 대통령이 존재하는 일도 벌어지며, 테러에 의한 일본인 살해사건 등이 발생했다. 1992년 게릴라 단체 투팍 아마루 혁명운동MRTA의 지도자와 모택동주의자의 영광의 길Sendero Luminoso 게릴라의 지도자들이 체포됨으로써 평화와 안정에 대한 기대감이 부풀어 오르고 어느 정도 안정을 되찾게 된다. 후지모리는 인플레 억제 등 국가재정 재건의 업적으로 1995년 신헌법하에서 재선했다.

에콰도르와의 계속적인 국경분쟁으로 국제기구의 분쟁지역 감시 리스트에 오르고 2000년 총선 이후 부패로 얼룩진 후지모리 정권이 종식되었다. 이듬해 치러진 대통령 선거에서는 원주민 출신인 똘레도Toledo가 당선되었다. 페루는 관광자원을 앞세워 빠른 경제성장을 이루고 있지만 실업과 빈곤, 극심한 빈부 격차로 인한 갈등 등 국내 불안은 좀처럼 잦아들지 않고 있다. 우리나라와는 2011년 출범한 우말라Humala 정권 당시 FTA를 맺으며 경제협력을 지속하고 있다.

남미 대륙에서 3번째로 큰 나라인 페루의 공식 명칭은 페루 공화국Republic of Peru, República del Perú으로 수도는 리마다.

면적은 한국의 약 13배인 1,285,216km²다. 동쪽으로 브라질, 남동쪽으로 볼리비아, 남쪽으로 칠레, 북쪽으로 에콰도르, 콜롬비아와 국경을 접하고 있다. 인구는 약 2,864만 4,000명이며 인디오가 약 45%, 원주민과 스페인인의 혼혈인 메스티조가 37%, 유럽계가 15%, 기타 3%로 구성되어 있다.

단원제 의회를 기초로 하는 입헌공화제를 채택하고 있다. 스페인어와 께추아어, 아이마라어를 공식 언어로 사용하고 있으며, 1821년 7월 28일 스페인의 지배에서 독립하였다. 종교는 스페인의 영향으로 국민의 90% 이상이 가톨릭이다.

개발도상국으로 2008년 인간개발지수 0.788점을 받았고, 2014년 기준 1인당 소득은 $6,895로 세계에서 91위를 하지했다. 전체 인구의 약 40%가 가난한 생활을 하고 있으며, 특히 13.7%는 매우 빈곤하다. 화폐 단위는 누에보 쏠Nuevo Sol을 사용하고 있다. 도시의 중산층 이상은 주로 유럽식 의복을 입으며 서구적 주거 생활을 하고 있으나 산악 지대의 인디오들은 손으로 짠 전통 의상을 주로 입으며 대부분 오두막집이나 흙으로 만든 전통 가옥에서 살고 있다.

남미에서 유일하게 4,000여 년의 문화유산을 간직하고 있으며, 15세기 잉카 제국은 건축, 금은세공, 관개 수리 시설, 농경, 요새 구축 등 수준 높은 잉카 문화를 형성하였다. 1532년 스페인에게 정복된 후 라틴계 서구 문화가 옮겨 와 양쪽 문화가 병존하게 되었다. 교육은 법률상 7~16세를 의무교육 기간으로 정하고 있지만 문맹률이 매우 높다. 초등학교는 6년제로 무상 의무교육이며, 중 · 고등학교는 5년제다. 대학은 2년 과정인 초급대학과 5년 과정인 일반 대학교로 나뉜다. 고등교육기관으로 1551년에 설립된 남미에서 가장 오래된 대학교인 국립 산 마르코스 대학교 외에 33개의 대학교가 있다.

남반구에 위치하여 한국과는 계절이 반대다. 다른 적도 국가들과는 달리 열대기후만 있는 것이 아니라 안데스 산맥과 훔볼트 해류의 영향으로 다양한 기후 변화가 있는 것이 특징이다. 크게 해안사막 지역인 꼬스따와 산악 지역인 씨에라, 열대우림 지역인 쎌바로 나누어진다.

꼬스따는 태평양 쪽으로 폭 30∼50km, 길이가 약 3,000km에 달하고 연간 평균 기온이 20℃ 이하며 일 년 내내 비가 거의 내리지 않는다.

씨에라는 표고 2,500∼3,500m로 고산 지역과 3,500∼4,500m의 스니라는 불모지대로 나뉜다. 높은 표고로 갈수록 평균기온은 낮지만 한낮에는 강한 햇볕으로 기온이 올라가고, 아침저녁으로는 기온이 낮아 일교차가 크다. 불모 지역 위로는 검은 산맥인 꼬르디에라 네그라Cordillera Negra가 있고, 그 위로 만년설의 꼬르디에라 블랑까 Cordillera Blanca가 안데스 산맥을 이루고 있다.

쎌바는 페루 국토의 50%를 차지하는 아마존 열대 정글 지역이다. 원시림으로 덮여 비가 많이 오고 후텁지근하다. 평균기온이 28℃지만 건기에는 낮 기온이 40℃를 넘는 경우가 많다. 다양한 지형과 기후로 21,462종의 동식물이 보고되었다. 이 중 5,855종이 지역 고유종이며(2008년 기준), 매년 새로운 종(種)이 수시로 발견될 만큼 아직 연구가 많이 진행되지 않았다.

비행기

땅덩어리가 넓다 보니 리마를 기점으로 대부분의 주요 도시에서 비행기가 운항하고 있다. 비행 스케줄이 변경되는 일이 자주 발생하니 공항으로 출발하기 전에 예약을 재확인하는 것이 좋다.

장거리 버스

리마를 중심으로 빤 아메리까나 고속도로를 지나 각 도시로 향하는 버스 노선이 잘 발달되어 있다. 버스 회사인 오르메뇨사와 크루스 델 쑤르사의 대형 신형 버스는 화장실이 갖추어진 것도 있으며, 2층 버스도 있어 타 볼 만하다. 10~4월 우기에는 산악 지역에서 도로가 침수되어 차량 운행이 힘든 경우가 종종 발생한다. 시간이 부족할 때에는 다른 교통수단을 생각해 보는 것도 좋다.

철도

1999년 민영화된 철도는 꾸스꼬–아구아스깔리엔떼스(마추 삐추), 꾸스꼬–훌리아까–뿌노, 리마–우앙까요 등 4개 노선을 운행하고 있다.

택시

미터제가 아닌 사전 교섭제로 타기 전에 택시 기사와 요금을 협상해야 한다. 시내에서 타면 어느 도시를 가든 요금이 대략적으로 정해져 있다. 승차할 때는 가능하면 잔돈을 준비하는 것이 좋다. 거스름돈이 없다고 종종 거슬러 주지 않을 때가 있기 때문이다.

페루는 수산대국답게 어패류가 풍부하고 양파, 토마토, 시금치가
원산지라고 불리는 만큼 야채류도 풍부하여 이를 이용한 다양한
요리가 발전하였다. 원주민 전통 방식이 남아 있어서 투박하고 독
특한 요리가 많다.

쎄비체 Ceviche

어패류를 레몬즙에 살짝 절인 후 야채, 향신료로 버무린 남미식 회
요리다. 페루에서는 아침에 즐겨 먹는다고 한다.

꾸이 차따도 Cuy Chactado

안데스 원주민들이 단백질 섭취를 위해 먹게 된 요리로 기니피그
의 일종인 '꾸이'라 불리는 작은 동물을 구워 먹는 요리다. 지방이
거의 없고 담백하다.

따말레스 Tamales

옥수숫가루를 반죽하여 페루산 대형 옥수수알과 고기를 넣고 옥수
수 잎으로 싸서 찐 음식으로 지역마다 들어가는 재료는 다소 차이
가 있다.

안띠꾸초 Anticucho

소 심장을 소스에 재웠다가 감자 등과 함께 꼬치에 끼워 구운 것으
로 쇠고기의 질감과 달리 약간은 물컹거리는 느낌이다.

산꼬차도 Sancochado

고기와 옥수수, 감자, 양파, 호박 등 채소를 넣고 끓인 야채 수프다.

추뻬 데 까마로네스 Chupe de Camarones

커다란 새우와 우유를 넣어 끓인 수프로 아레끼빠 지방에서 유명
하며 우유가 들어가 부드럽다.

마사모라 모라다 Mazamorra Morada

보라색이 나는 옥수수를 쪄서 그 즙을 졸여 녹말로 굳혀 만든 젤리
형태의 과자.

로모 쌀따도 Lomo Saltado

로모는 쇠고기를 말하는데 이 쇠고기를 잘게 썰어서 채소와 함께
볶은 요리다.

삐스꼬 샤워 Pisco Sour

포도로 만든 증류수로 삐스꼬에 계란 흰자와 레몬즙 등을 섞어 만
든 일종의 칵테일이다.

까우사 레예나 Causa Rellena

감자를 으깨어 만든 매시 포테이토에 여러 가지 야채를 섞어 완자
모양으로 만든 요리.

빨리우엘라 Parihuela

조개나 게, 생선 뼈 등 다양한 해산물을 넣고
풍성하게 끓인 수프.

리마 등의 대도시에는 별 다섯 개짜리 특급 호텔들이 있으며 묵으려면 US 달러로 100불 이상 든다. 지방에서는 주로 별 네 개짜리가 최고급 호텔인 경우가 많다. 별 세 개짜리는 중급 호텔로 샤워 시설과 화장실 등을 갖추고 있다. 별 한두 개짜리는 주로 잠을 자는 데만 치중되어 있어 편의 시설이 부족한 편이다.

그 외 오스딸, 레시덴시알, 펜션 등이 있다. 각 숙소에 따라 요금에 세금과 서비스료 10%가 포함된 곳과 그렇지 않은 곳이 있다. 포함되지 않은 곳에서는 별도로 지불해야 한다.

지금은 많이 개선되었다고 하지만 페루에 가면 소매치기와 도둑, 가짜 경찰관 등을 조심해야 봉변을 당하지 않는다. 관광객이 많이 모이는 장소, 역 주변이나 음침한 좁은 골목에서는 더욱 그렇다. 현금을 비롯하여 카메라, 시계, 지갑 등 귀중품을 몸에 지니지 말고, 혼자서 다니지 않는 것이 봉변을 예방할 수 있는 방법이다.

가짜 경찰관들은 가짜 경찰수첩을 내보이며 여권과 소지품을 제시하라고 요구하는데 이에 응하여 그 가짜 경찰관 손에 넘겨주면 눈앞에서 도둑질을 당한다고 봐야 한다. 이럴 때는 한국대사관이나 호텔에서 보여 주겠다며 거절해야 한다.

수면제를 타서 물건을 훔치는 도둑들은 친절하게 접근하여 관광을 안내하거나 식사를 같이하면서 마음을 놓게 한 다음, 음식이나 음료수에 수면제를 타서 먹인다. 그 다음은 어떻게 되는지 다 알 것이다.

또한, 차 유리를 깨고 물건을 훔치거나 방심하는 사이 소매치기를 하는 경우가 많다. 즐거운 여행을 소매치기와 도둑들 때문에 망치고 싶지 않다면 철저하게 조심해야 한다.

페루의 통화 단위는 쏠Sol : 복수형은 Soles, 약호는 s/.이고 그 밑은 쎈띠모Centimo로 100쎈띠오는 1쏠이다. 환전은 환전소인 까사 데 깜비오Casa de Cambio나 은행, 호텔에서 할 수 있다. 그리고 노상에서도 환전을 해주는데 위조지폐로 환전해 주는 경우가 있으니 될 수 있으면 이용하지 않는 것이 좋다.

신용카드도 물론 사용할 수 있지만 싼 숙박집이나, 식당, 동네 슈퍼마켓처럼 규모가 작은 곳에서는 사용할 수 없는 경우가 많다.

일반적으로 서비스를 받으면 팁을 주어야 한다. 호텔, 레스토랑에서는 서비스료가 포함되어 있더라도 룸 서비스를 받거나 짐꾼이 짐을 운반해 주면 팁을 준다. 레스토랑에서는 테이블에 팁을 올려놓는 방식이 일반적이다.

팁은 총액의 10% 내외로 주는 것이 보통이다. 계산이 애매하면 1,000원 정도 선에서, 아니면 1달러 선에서 주면 무난하다.

페루의 토산품으로는 알빠까 제품과 은제품이 대표적이다. 알빠까의 털을 이용해 만든 알빠까 제품으로는 빨강, 초록, 보라 등 원색적인 스웨터가 많으며 장갑, 양말, 깔개 등의 제품이 있다.

꾸스꼬나 뿌노에서 토산품을 사면 리마에서보다 더 싸고 민속적인 감각이 묻어나는 제품을 구할 수 있다. 가끔 노천에서 잘못 사면 불량품도 있고, 싼 제품 중에는 라마의 털을 섞어 만들어 따끔거리며 착용감이 부드럽지 않은 것들이 있으니 싸다고 무턱대고 사는 것은 좋지 않다.

귀걸이, 목걸이 등 간단한 장식품에서 스푼까지 다양한 은제품은 우리나라와 비교하면 훨씬 저렴하다. 은제품을 살 때에는 뒤쪽에 각인이 찍혀 있는 것을 사는 것이 좋다. 또한 음악을 좋아한다면 라틴 음악 CD를 사는 것도 좋은 추억이 될 것이다.

페루는 '축제의 나라'라 불러도 좋을 만큼 다양한 축제를 펼친다. 전통 축제와 가톨릭 종교 축제, 도시마다 자체적으로 열리는 축제 등 페루 전역에서 열리는 모든 축제 일수를 합치면 한 해의 절반은 족히 될 것이다. 그 많은 축제를 일일이 다 열거하기에는 지면상 한계가 있어 필자가 방문한 도시의 축제만을 소개한다. 축제 기간에 맞춰 여행 계획을 세우면 페루의 또 다른 모습을 만날 수 있는 알찬 여행이 될 것이다.

페루 축제에 관한 더 많은 정보는 페루관광청 홈페이지http://www.promperu.gob.pe/를 통해 확인할 수 있다.

1. 전통 축제

잉카의 찬란한 문화를 기리는 축제다. 태양의 신을 비롯한 그들이 숭배하던 신들에게 제를 지내는 등 다양한 축제를 펼치며, 토속성이 강하다.

인띠 라이미 Inti Raymi : 6월 24일 | 꾸스꼬-삭사이와망

'잉카 태양의 축제'라고도 불리는 축제로 잉카의 전통 제례 의식을 재현한 것이다. 잉카의 전통을 계승하는 차원에서 잉카의 후예 중 가장 순수한 혈통으로 선발된 원주민이 행사를 진행한다. 안데스 곳곳에서 모여든 다양한 부족은 그들 특유의 춤과 노래를 선보이며 선통복상을 입고 시가행진을 펼치는데 볼거리가 다양하다.

빠차마마 축제 Pachamama Raymi, Da de la Madre Tierra : 8월 1일 | 꾸스꼬

띠띠까까 호수의 삼대 정령 중 하나인 '대지의 여신' 빠차마마를 기리는 의식으로 안데스 지역에서는 이 의식을 통해 '잉카의 새해'를 맞이한다.

뿌노의 날 Da de Puno : 11월 1~7일 | 뿌노

11월 5일 잉카의 초대 왕인 망꼬 까빡의 출현을 기념하는 축제로 뿌노 시 창립 기념일과 함께 성대하게 펼쳐진다. 축제 기간 동안 띠띠까까 호수와 안데스 지역에 전해 내려오는 전통 춤과 음악 경연 대회가 열린다. 거리에서는 여러 부족의 화려하고 정열적인 시가 행렬이 이어진다.

2. 가톨릭 기념일

리마에서 열리는 종교 행사는 성당에서 치러지는 경우가 많은 반면, 안데스 지역에서 열리는 종교 축제는 원주민의 전통문화와 함께 어우러져 표현되는 경우가 많다.

성모상이 전통 축제의 행렬 앞에 위치하여 행렬을 이끄는 것처럼 종교 행사에서는 원주민들이 전통 춤과 노래로 어우러진, 화려한 시가행진을 펼치기도 한다.

깐델라리아 성모의 날 La Virgen de La Candelaria : 2월 2일 | 뿌노

띠띠까까 호수와 주변에 사는 여러 부족이 모여 무려 18일 동안 축제를 벌인다. 이 축제 기간 동안 전통 의상을 입은 사람들이 행렬을 이루어 매일 춤과 노래를 선보이며, 도시 전체가 흥겨움에 들썩인다.

까르멘 성모의 날 La Virgen del Carmen : 7월 16일 | 꾸스꼬, 뿌노 등 안데스 지역

가톨릭 성모를 기리는 페루 안데스 지역의 축제다.

산따 로사의 날 Santa Rosa de Lima : 8월 30일 | 리마

가톨릭 종교 성인들을 기리는 날로 수도 리마에서 펼쳐진다.

기적의 예수의 날 El Señor de los Milagros : 10월 18일 | 페루

스페인 식민지 시절, 리마에 대지진이 일어나 많은 건물이 붕괴되었다. 하지만 성당 벽에 그려진 예수의 그림만은 훼손되지 않은 것을 기적이라 여기며 기념하는 종교 행사다.

차삐 성모의 날 Virgen de Chapi : 5월 1일 | 아레끼빠-차삐

저녁에 열리는 긴 촛불 행렬과 화려한 불꽃놀이가 장관이다. 안데스 지역의 다양한 전통 음식을 맛볼 수 있다.

성 요한 축제 Fiesta de San Juan : 5월 30일~6월 24일 | 이끼또스

아마존 지역의 가장 중요한 축제로 아마존과 신앙의 중요성을 나타낸다. 아마존 개척 당시의 음악과 춤을 공연하며, 다양한 전시회가 열리는 등 볼거리가 풍성하다.

3. 도시 창립 기념일

축제 행사가 대부분 거리에서 열리기 때문에 누구나 관객이 되고 주인공이 된다. 화려하고 성대한 퍼레이드에서 도시 인근 지역 원주민들의 전통문화를 엿볼 수 있다.

이끼또스 시 창립일 Fundación de la ciudad de Iquitos : 1월 5일 | 이끼또스

쉽게 찾아가기 어려운 아마존 정글 부족들의 전통문화를 만날 수 있는 축제로 이끼또스의 가장 큰 축제다.

리마 시 창립일 Aniversario de la Fundación de Lima : 1월 18일 | 리마

시가행진을 비롯해 각종 공연과 문화 행사가 리마 시 곳곳에서 열리고, 저녁에는 화려한 불꽃놀이가 장관을 이룬다.

아레끼빠 시 창립일 Aniversario de la ciudad de Arequipa : 8월 | 아레끼빠

아레끼빠 시 창립일 축제는 다른 도시에 비해 화려해 많은 볼거리를 제공한다. 전통 의상을 입은 주민들과 관광객들로 가득한 거리에서는 춤과 노래가 어우러지는 시가행렬이 긴 시간 이어지며 8월 15일에 절정을 이룬다.

4. 그 밖의 기념일

앞에 언급된 축제 외에도 페루에는 다양한 축제가 있다.

카니발 Carnavales : 2월~3월 | 페루

페루 전역에서 열리는 축제로 주요 도시들은 관광객들로 북적인다. 축제 형태는 지역별로 다르며 안데스 지역에서는 정화하는 의미로 여행객에게 물을 뿌리기도 한다. 특히 아레끼빠의 까마나Camaná 지역에서 열리는 축제가 유명하며 뿌노, 까하마르까Cajamarca, 아야꾸초Ayacucho, 우아라스Huarás의 축제도 볼거리가 풍성하다.

추수 축제 Festival de la Vendimia : 3월 | 이까, 리마

포도 수확기에 열리는 추수 감사 축제로 보통 3월 둘째 주 정도에
열린다. 포도 여왕을 뽑는 퍼레이드에서부터 포도 수레 경연 대회,
삐스꼬와 포도주 시음 대회까지 다채로운 행사와 볼거리가 있다.

부활절 Semana Santa : 3월 또는 4월 | 페루

인구의 90%가 가톨릭인 페루에서 전국에 걸쳐 진행되는 가톨릭
축제다. 그중에서도 이끼또스에서 열리는 부활절 축제가 가장 유
명하다.

말 축제 Concurso Nacional del Caballo Peruano de Paso : 4월, 5월 | 리마

스페인 강제 점령 시절, 마나코나Mamacona 지역에서 시작된 것으로
우아하게 걷는 말을 선발하는 대회다. 각 지역에서 예선을 거쳐 올
라온 종마들이 우열을 가린다.

이까 관광 주간 Semana Turística de Ica : 9월 | 이까

관광 주간 동안 다채로운 행사가 펼쳐진다. 이까의 사막에서 열리
는 산보르니 경연, 시내에서 열리는 와인 경연, 피스꼬 시음 대회
등이 있다.

죽은 자의 날 Dia de los Muertos : 11월 2일 | 페루

페루뿐만 아니라 라틴 아메리카 전역에
걸쳐 행하는 풍습이다. 이날은 망자의
영혼이 세상에 왔다 가는 날이라 여
겨 가족들은 망자의 묘를 찾아 꽃을
장식하기도 하고, 음식을 차리기도 하
며, 집이나 거리에 제단을 만들어 망자
의 영혼을 기린다. 말 그대로 죽은 자
를 위한 날이다.

콜롬비아
에콰도르
브라질
이끼또스
IQUITOS
p.50
페 루
p.178
마추 삐추
MACHU PICCHU
수도
리마
LIMA
p.18
꾸스꼬
CUSCO
p.82
p.140
이까
ICA
나스까
NASCA
태평양
p.198
p.114
뿌노
PUNO
아레끼빠
AREQUIPA
볼리비아
칠레

지금 이 순간

페루

초판 1쇄 | 2015년 1월 22일

지은이 | 한동엽

발행인 겸 편집인 | 유철상
책임편집 | 손지영
디자인 | 주인지
교정 · 교열 | 손지영, 장다솜
마케팅 | 조종삼, 남유니, 임지연

펴낸 곳 | 상상출판
주소 | 서울시 동대문구 정릉천동로 58, 103동 206호(용두동, 롯데캐슬 피렌체)
구입 · 내용 문의 | **전화** 02-963-9891, 070-8886-9892 **팩스** 02-963-9892
이메일 cs@esangsang.co.kr
등록 | 2009년 9월 22일(제305-2010-02호)
찍은 곳 | 다라니

※ 가격은 뒤표지에 있습니다.

ISBN 979-11-86163-00-9(13980)

© 2015 한동엽

www.esangsang.co.kr